Sara Karin Margaretha Barr

Esforços de conservação dos micos-leões-pretos (Saguinus bicolor)

Sara Karin Margaretha Barr

Esforços de conservação dos micos-leões-pretos (Saguinus bicolor)

Avaliação de Corredores Ecológicos para a Restauração dos Fragmentos Florestais da Manaus Urbana, Brasil

ScienciaScripts

Imprint

Any brand names and product names mentioned in this book are subject to trademark, brand or patent protection and are trademarks or registered trademarks of their respective holders. The use of brand names, product names, common names, trade names, product descriptions etc. even without a particular marking in this work is in no way to be construed to mean that such names may be regarded as unrestricted in respect of trademark and brand protection legislation and could thus be used by anyone.

Cover image: www.ingimage.com

This book is a translation from the original published under ISBN 978-613-9-73665-2.

Publisher:
Sciencia Scripts
is a trademark of
Dodo Books Indian Ocean Ltd. and OmniScriptum S.R.L publishing group

120 High Road, East Finchley, London, N2 9ED, United Kingdom
Str. Armeneasca 28/1, office 1, Chisinau MD-2012, Republic of Moldova, Europe
Printed at: see last page
ISBN: 978-620-7-88220-5

Conteúdo

CAPÍTULO 1

Introdução

1.1 Biodiversidade da Amazónia

A Bacia Amazónica contém a floresta tropical mais extensa do mundo, e aproximadamente um sexto de toda a floresta de folha larga do mundo encontra-se na Amazónia (Goulding et al., 2003). As florestas tropicais são os ecossistemas mais ricos que já existiram no nosso planeta. Existe uma estreita correlação entre a dimensão total do ecossistema e o número de espécies, e a bacia amazónica é geralmente aceite como o centro biogeológico em termos de riqueza de espécies (Goulding et al., 2003). A floresta tropical da Amazónia é considerada como um hotspot, mas os seus elevados níveis de biodiversidade enfrentam ameaças imediatas das actividades humanas (Goulding et al., 2003).

Até à década de 1970, a floresta tropical cobria cerca de dois terços, ou seja, 4 milhões de km da Amazónia, mas desde então cerca de 10-15% da floresta foi fortemente modificada (Goulding et al., 2003). A biodiversidade em todas as escalas está cada vez mais ameaçada por uma multiplicidade de impactos humanos, que vão desde pequenas clareiras até grandes cortes rasos (Peres et al., 2010). É bem sabido que as terras baixas e a Amazónia andina apresentam a maior expressão da biodiversidade tropical na Terra, mas infelizmente também as taxas absolutas mais elevadas de desflorestação tropical (Peres et al., 2010).

1.2 Expansão urbana de Manaus

Manaus é a capital do estado do Amazonas e está localizada no norte do Brasil. Durante a década de 1970, Manaus tinha menos de 500.000 habitantes (ICMBio, 2012). Mas com o crescimento das indústrias e o objetivo do governo brasileiro de desenvolver a Amazônia, hoje a região está crescendo de forma altamente desordenada e em ritmo alarmante, e a população da região já passa de 2 milhões de habitantes (ICMBio, 2012). Esse crescimento extremo em um curto espaço de tempo levou ao desmatamento e à fragmentação de florestas contíguas, causando a formação de inúmeras ilhas isoladas de vegetação em meio a uma matriz urbana hostil (ICMBio, 2012). Infelizmente, hoje, muitos fragmentos florestais estão desaparecendo ou condenados, e são removidos para dar lugar a moradias, prédios e rodovias (ICMBio, 2012), ver Fig. 1. O crescimento de Manaus é tão acelerado e desordenado que a cidade perdeu mais da metade de sua área verde nos últimos dez anos (Gordo, 2012). A vegetação dos fragmentos remanescentes é intensamente explorada (para retirada de madeira, cascas, frutos, etc.), além da caça à fauna nativa (Gordo, 2012). O crescimento contínuo da cidade de Manaus criou fragmentos de habitat onde muitas espécies locais e endémicas tentam agora persistir. A matriz de estradas movimentadas, linhas de energia, bem como assentamentos humanos e animais domésticos criam uma paisagem impenetrável (Gordo et al., 2013), particularmente para mamíferos. Com o aumento da população, há um aumento da necessidade de terra e moradias para todos. Os fragmentos remanescentes no interior da cidade de Manaus e na periferia da cidade estão sendo drasticamente substituídos por invasões legais e ilegais de grandes grupos de pessoas que precisam de espaço (Da Costa et al., 2012). Alguns parques verdes e algumas reservas florestais constituem a maior parte das áreas verdes, embora haja pouca ou nenhuma conexão entre eles (Vidal & Cintra, 2006). Infelizmente, com a rápida expansão da cidade e os impactos humanos como a desflorestação, os incêndios, a construção de estradas e a retirada selectiva de madeira, as florestas secundárias em diferentes estádios sucessionais ocupam agora grandes áreas (Gordo, 2012).

Fig. 1. Imagens representando a destruição da Manaus urbana durante março de 2015. Acima à esquerda: Lixo das casas vizinhas jogado fora e compilado em áreas florestais. Acima à direita: Imagem mostrando a poluição e a descoloração de um pequeno rio local. Em baixo à esquerda: O desmatamento de uma floresta para a construção da nova rodovia "Avenida das Flores", que cruza o centro de Manaus e os últimos fragmentos de floresta remanescentes na área. Baixo à direita: Imagem revelando o assentamento de moradias ilegais no que costumava ser um vale de floresta intocada. (Fotos de S. Barr).

1.3 Fragmentação do habitat

A fragmentação do habitat é um processo à escala da paisagem em que o habitat contínuo é dividido em fragmentos dispersos numa matriz de não habitat (Arroyo-Rodriguez, et al., 2013). Infelizmente, a perda e a fragmentação do habitat estão entre os maiores problemas para a conservação da diversidade biológica (Gordo, 2012). A fragmentação afecta os ambientes de várias formas. Gera perda de biodiversidade, alterações na composição das comunidades, alterações na densidade populacional, permite a invasão de espécies oportunistas e reduz o fluxo genético (Gordo, 2012).

As principais dificuldades da fragmentação de habitats resultam de três factores: (I) a área reduzida dos habitats, (II) as alterações nas margens dos habitats (também designadas por 'efeitos de margem') e (III) o aumento do isolamento (Hambier, 2004). Os efeitos de borda representam um problema grave em fragmentos mais pequenos, uma vez que o efeito da predação aumenta, tal como a exposição a perturbações humanas e o risco de os animais serem mortos nas estradas (Hambier, 2004). Estes problemas podem ser tão graves que criam uma "população sumidouro" nos pequenos fragmentos. As regiões com elevada densidade humana representam uma ameaça particular para as espécies ameaçadas porque intensificam os factores negativos associados à fragmentação (Gordo, 2012). Com a diminuição da área disponível para uma determinada população, devido à fragmentação e à perda de habitat, o número total de indivíduos tende a diminuir (Gordo, 2012). Assim, o risco de extinção local aumentará, uma vez que muitos factores causam flutuações naturais no tamanho da população de pequenas populações. Reed et al., (2003) estimaram a viabilidade populacional mínima de diferentes grupos taxonómicos e concluíram que os vertebrados necessitam de populações com milhares de indivíduos para serem sustentáveis a longo prazo.

As fragmentações também causam a interrupção do fluxo genético entre as populações remanescentes, podendo eventualmente reduzir a variabilidade genética das metapopulações (Gordo, 2012). A perda de variação genética e as mudanças rápidas dos parâmetros genéticos em geral podem reduzir a capacidade de resposta de uma população às mudanças no ambiente (Gordo, 2012).

1.4 Mico-leão-da-índia

Os primatas são a ordem de mamíferos que possui a maior quantidade de espécies ameaçadas no mundo. Quase 20% dos primatas brasileiros estão na Lista Oficial das Espécies da Fauna Brasileira Ameaçadas de Extinção (ICMBio, 2012). Uma das espécies mais ameaçadas da floresta amazônica é o mico-leão-da-cara-branca *(Saguinus bicolor, Spyx 1823)* (Vidal & Cintra,

2006), e de acordo com a Lista Vermelha da IUCN, a espécie é considerada "Em Perigo" (Mittermeier et. al., 2008; Rylands et al., 2008).

O mico-leão-da-cara-branca é altamente endêmico, com distribuição quase exclusiva para a área ao redor de Manaus (ICMBio, 2012). A destruição e a fragmentação do habitat de *S. bicolor* são as principais ameaças à conservação da espécie, principalmente na área urbana de Manaus, devido à fragmentação (ICMBio, 2012). Populações pequenas e isoladas já são uma realidade para muitas espécies de primatas neotropicais, incluindo *S. bicolor* (Gordo, 2012), que vem sendo afetada pela fragmentação e perda de habitats em diferentes biomas. As populações fragmentadas e isoladas desta espécie são frequentemente muito reduzidas, e muitas vezes só são visíveis em condições ambientais subótimas (Gordo, 2012).

Os grupos de mico-leão-preto sobrevivem atualmente em pequenos fragmentos florestais altamente degradados ao redor de moradias e nos subúrbios de Manaus. Dentro desses fragmentos, Gordo (2012) estimou que restam menos de 500 indivíduos de *S. bicolor*. O mico-leão-pálido sofre muito com atropelamentos, choques de energia elétrica, ataques de animais domésticos, maus tratos e captura pelos habitantes das cidades vizinhas da matriz (Gordo et al., 2013). É comum encontrar grupos de *S. bicolor* sobrevivendo em fragmentos extremamente degradados e de tamanho reduzido (entre dois e dez hectares), ou seja, com área e qualidade abaixo do que parece ser necessário para sustentar um grupo saudável (Gordo, 2012).

Dentro da matriz de Manaus, as maiores áreas protegidas são o campus da Universidade Federal do Amazonas (UFAM), com 760 ha, e a zona de amortecimento do Aeroporto Internacional Eduardo Gomes, com 800 ha. *O S. bicolor* também permanece nas maiores áreas preservadas fora de Manaus, por exemplo, a reserva Adolpho Ducke (10.000 ha) e a reserva do Centro de Instrução de Guerra na Selva (CIGS) (110.000 ha) (Gordo, 2012; ICMBio, 2012). Infelizmente, essas grandes áreas não fazem parte do Sistema Nacional de Unidades de Conservação (SNUC) ou dos sistemas estaduais (SEUC) ou municipais de áreas protegidas (ICMBio, 2012). A redução da já restrita distribuição geográfica dos micos-leões, aliada ao declínio populacional, são considerados os principais fatores que ameaçam a espécie.

Devido à grave situação dos micos-leões, o Instituto Chico Mendes de Conservação da Biodiversidade no Brasil (ICMBio) estabeleceu o Sumário Executivo do Plano de Ação Nacional (PAN) para a Conservação do Mico-leão-preto em 2012. O objetivo do projeto era que o PAN fosse implementado em cinco anos, numa tentativa de reverter a situação do primata (ICMBio, 2012).

1.5 Ligação de fragmentos através de corredores de vida selvagem

Um resultado promissor e bem-sucedido da abordagem da biodiversidade tem sido o conceito de corredor de conservação (Corlatti et al., 2008; Teixeira et al., 2013; Humphrey et al., 2014; Lee, et al., 2014; Matisziw et al., 2014). O conceito exige esforços para ligar áreas já protegidas, protegendo oficialmente as áreas que as separam, especialmente quando estas são relativamente próximas umas das outras. Ao ligar as áreas protegidas entre si, cria-se um corredor de conservação

(Goulding et al., 2003). Estes corredores de conservação são também designados por 'corredores de migração', 'corredores de vida selvagem' e 'corredores ecológicos' (Goulding et al., 2003). Os corredores podem atuar como um caminho não perturbado onde as espécies se podem dispersar, permitir comportamentos naturais, adaptar-se, abrigar-se das perturbações humanas e criar potencialmente a possibilidade de fluxo genético (Tillmann, 2005). No entanto, a utilização de corredores pode aumentar a viabilidade das populações, mas podem ocorrer efeitos negativos como um maior risco de dispersão de espécies invasoras, maior exposição a predadores, maior exposição e dispersão de agentes patogénicos e propagação do fogo (Hambier, 2004; Haddad et al., 2014). Além disso, os conservacionistas devem estar cientes de que os corredores podem aumentar os efeitos de borda e levar isso em consideração ao avaliar se os corredores são as melhores ferramentas de conservação (Hambier, 2004).

Felizmente, existem muitos projectos de corredores de vida selvagem bem sucedidos. Um deles é o corredor florestal de 700 hectares que liga as duas principais áreas protegidas do bioma no Pontal do Paranapanema (oeste do Estado de São Paulo, Brasil) e o Parque Estadual do Morro do Diabo. É aqui que o mico-leão-preto *(Leontopithecus chrysopygus, Mikan, 1823)*, altamente endémico e ameaçado de extinção, ainda persiste. O objetivo deste projeto de corredor de vida selvagem era conservar a biodiversidade da Mata Atlântica através de uma extensa restauração florestal. Em 2002, um total de 1,4 milhão de árvores foram plantadas e agora são monitoradas pelo Instituto de Pesquisas Ecológicas do Brasil (IPE, 2015). Em Manaus, os fragmentos remanescentes podem ser conectados de forma otimizada através do replantio de árvores. Géneros de árvores importantes para os micos-leões incluem *Inga, Spondias, Platonia, Ceiba, Hymenaeau, Parkia, Poraqueiba, Clitoria* e *Sthryphnodendron*, pois têm madeira boa e de longa duração e criam grandes copas para conexão (Gordo, 2012). Árvores de fruto como *Theobroma (Cacau), Musa (Banana), Carica (Papaia)* e *Mangifera (Manga)* também são adequadas, uma vez que criam copas de guarda-chuva pronunciadas e têm flores com néctar ou frutos que *S. bicolor* pode comer. As palmeiras também podem ser adequadas, uma vez que os micos dormem nelas e caçam insectos (comentário pessoal de Gordo, 7 de abril de 2015).

Infelizmente, as florestas são frequentemente intersectadas e fragmentadas por actividades humanas, por exemplo, a construção de estradas. Estas têm efeitos directos nas populações animais, afectando a mortalidade, a disponibilidade de habitat, a qualidade do habitat e o grau de fragmentação (Bissonnette et al., 2008). As estradas também têm efeitos prejudiciais indirectos ao criar barreiras, reduzir a conetividade e a permeabilidade e aumentar os efeitos de borda (Groom et al., 2006). Assim, a expansão das estradas resulta na diminuição da capacidade de movimentação e dispersão dos animais, o que, por sua vez, tem profundo impacto na aptidão individual, na estrutura populacional, nas estratégias de história de vida, na dinâmica de forrageamento e na diversidade de espécies (Bissonnette et al., 2008). Apenas no fragmento do campus da Universidade Federal do Amazonas (UFAM) no centro de Manaus, o tráfego mata uma média de 10 indivíduos de *S. bicolor* por ano (comentário pessoal de Gordo, 1 de abril de 2015).

No entanto, os fragmentos e intersecções podem ser reduzidos e ligados através de passagens de fauna, pontes e/ou túneis. São estruturas que têm como objetivo restabelecer o movimento dos animais sobre uma estrada, ajudando a ligar as áreas divididas. De um modo geral, os conhecimentos actuais sobre a eficácia das estruturas de travessia da vida selvagem são ainda limitados, embora estejam a aumentar rapidamente (Corlatti et al., 2008). Os elementos-chave para a conceção de medidas de mitigação eficazes não são totalmente compreendidos e podem ser necessárias diferentes soluções para diferentes grupos faunísticos (Teixeira et al., 2013).

1.6 Conservação ex-situ

Outro ponto de conservação da espécie é a sua reprodução ex-situ. Existe um programa de reprodução em cativeiro para *S. bicolor,* derivado em grande parte do Centro de Primatas do Rio de Janeiro (CPRJ) e da Universitat Bielefeld, Alemanha, e todos os *S. bicolor* ex-situ estão registados como propriedade do governo brasileiro (Mittermeier et. al., 2008). Entre outros detentores ex-situ, o Parque e Museu de Ciência Universeum, na Suécia, detém 2 fêmeas de *S. bicolor no âmbito* de um Programa Europeu de Espécies Ameaçadas (EEP), o tipo mais intensivo de gestão de populações de uma espécie mantida em jardins zoológicos da Associação Europeia de Zoos e Aquários (EAZA). O principal objetivo dos jardins zoológicos é manter um conjunto genético suficientemente grande e inalterado para garantir a sobrevivência da espécie e criar perspectivas de reintrodução da espécie em áreas protegidas, mas também educar e informar os visitantes sobre os desafios que as espécies vulneráveis e ameaçadas enfrentam, juntamente com os actuais esforços de conservação (WAZA, 2015).

1.7 Intenções para este projeto

Ao analisar os fragmentos florestais remanescentes na área urbana de Manaus, meu objetivo foi identificar corredores específicos que podem ser implementados e, em seguida, classificá-los de acordo com seus atributos. Conhecendo os atributos de cada passagem e classificando-os, para encontrar as melhores rotas, é possível conectar os fragmentos de forma a auxiliar a dispersão das espécies. Se garantirmos que os fragmentos estão ligados e controlarmos outros parâmetros definidores de cada local, como a quantidade de tráfego, lixo e espécies invasoras, há uma maior probabilidade de os micos-leões poderem não só dispersar dos fragmentos isolados da cidade, como também elevar o estado ecológico da cidade e a consciência das espécies endémicas locais. Também estudei a possibilidade de conectar os fragmentos com um corredor hipotético (corredor de teste) que ligará todos eles e criará um grande fragmento que se conecta às áreas protegidas da reserva Adolpho Ducke, ao norte de Manaus.

Com a minha classificação dos corredores, será facilmente reconhecível onde colocar o maior esforço para conservar a espécie. Espero que isso não seja útil apenas para a Prefeitura de Manaus e o governo brasileiro, mas também para outros defensores da conservação que possam usar essas informações para aumentar o apoio à conservação da espécie.

CAPÍTULO 2

Métodos e materiais

2.1 Descrição das espécies

A região neotropical da América do Sul abriga mais de cem espécies de primatas (subordem *Platyrrhini)*. A família *Callitrichidae,* composta por saguis e micos, é atualmente a mais numerosa, com 41 espécies em sete géneros (Schneider & Sampaio, 2013; Buckner et al. 2014). Os Callitrichidae são pequenos primatas (peso adulto < 600 g), com suas unhas em forma de garra e hábitos generalistas para explorar diferentes ambientes (Gordo, 2012; ICMBio, 2012). A distribuição de *Callitrichidae* inclui Panamá, Paraguai e Paraná, e ocorre em todas as regiões do Brasil (Eisenberg & Redford, 1999). *Saguinus bicolor* ocorre ao norte do Rio Amazonas, a leste do Rio Negro e nas proximidades de Manaus (Fig. 2) (Mittermeier et. al., 2008; Rylands et al., 2008; ICMBio, 2012; Boubli et al., 2014; Buckner et al., 2014). Na região Norte, a distribuição de *S. bicolor* se estende até aproximadamente 50 km do rio Amazonas (Gordo, 2012). Tem sido sugerido que *S. bicolor* não se expande mais ao norte, devido à competição de *Saguinus midas (L., 1758),* uma espécie parapátrica com ampla distribuição a leste do Rio Negro (ICMBio, 2012). Como a área de distribuição geográfica de *S. bicolor* de 7500 km^2 coincide com a região da cidade de Manaus, as populações dentro da região estão quase todas completamente isoladas umas das outras (ICMBio, 2012; Gordo et al., 2013).

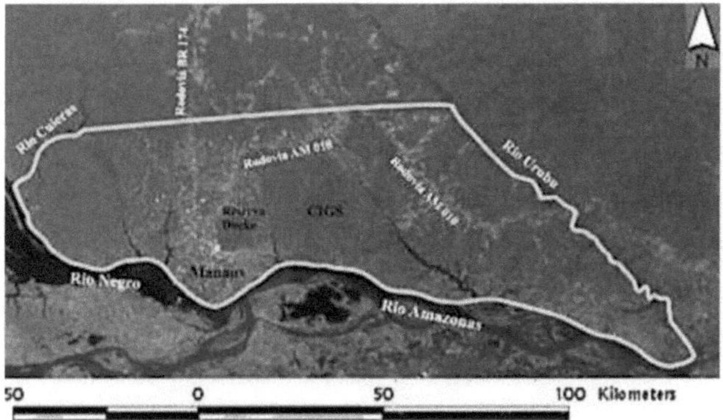

Fig. 2. Distribuição de *Saguinus bicolor* no Amazonas, Brasil.

O nome "pied tamarin" é herdado da pelagem branca no pescoço, costas e tórax do primata, sendo a restante pelagem de cor laranja acastanhada a castanha escura (Fig. 3).

As outras características predominantes incluem a pele preta sem pêlos na face, cabeça e orelhas, daí o outro nome comum da espécie como "mico de cara descoberta" (Rylands et al., 2008;

ICMBio, 2012).

Fig. 3. Foto de *Saguinus bicolor* mostrando as características do mico-leão-de-bico. Foto tirada em fragmento de floresta urbana local de Manaus, Brasil. (Foto de S. Barr).

Embora seja demonstrado que eles preferem o estrato inferior das florestas densas e a vegetação marginal, os micos se alimentam principalmente de frutas e insetos, mas também podem comer pequenos vertebrados, ovos, néctar e seiva de árvores (Gordo, 2012), além de néctar e flores (ICMBio, 2012). A disponibilidade de alimentos nas florestas tropicais varia sistematicamente ao longo do ano, e tem forte influência no padrão de comportamento dos primatas (Peres, 1994). Parâmetros comportamentais, como o tamanho do território, podem variar amplamente não apenas dentro de uma espécie, mas também dentro do mesmo grupo social ao longo do tempo (Peres, 1994). *S. bicolor* apresenta comportamento diurno, e são ativos logo após o nascer do sol, descansam durante as horas mais quentes do dia, e então procuram um local para dormir algumas horas antes do pôr do sol (ICMBio, 2012). A espécie não é sexualmente dimórfica, e a fêmea geralmente carrega 1-2 filhotes uma ou duas vezes por ano. Os bebês são criados por todos os membros do grupo (ICMBio, 2012). Os primatas formam grupos de diferentes tamanhos, variando de 2 a 12 indivíduos, com uma matriarca dominante. Ambos os sexos se dispersam para formar novos grupos por volta dos 2-3 anos de idade (ICMBio, 2012). Os micos-leões são extremamente territoriais e podem ocorrer confrontos físicos entre grupos vizinhos (ICMBio, 2012). O tamanho da área de vida varia significativamente entre as diferentes espécies de Callitrichidae, mas geralmente um grupo ocupa áreas na faixa de 20 a 50 hectares (Gordo, 2012). Os Callitrichids são conhecidos pela sua tendência para colonizar eficientemente ambientes florestais perturbados e marginais

(Gordo, 2012). Em termos gerais, preferem a vegetação densa dos habitats de vegetação baixa, onde se alimentam de insectos. Mas mesmo que os Callitrichids actuem frequentemente como espécies oportunistas e colonizadoras e mudem de ambiente e utilizem habitats fragmentados, podem ainda sofrer de graves problemas de fragmentação, isolamento e degradação do ambiente (Gordo, 2012).

2.2 Área de estudo

Manaus é a capital do estado do Amazonas, localizado no norte do Brasil (Fig. 4), e está situada na união dos rios Negro e Solimões (Goulding, et al. 2003). A cidade é habitada por 2 milhões de pessoas, mas a população está aumentando rapidamente (ICMBio, 2012). O clima da região é úmido e com pouca ou nenhuma deficiência hídrica, temperaturas elevadas e evapotranspiração potencial distribuída uniformemente ao longo do ano. A estação mais chuvosa ocorre de dezembro a abril, com temperatura média mensal de 23 °C e umidade relativa entre 85 e 90%. A estação menos chuvosa vai de julho a setembro, com temperatura média mensal de 28° C e humidade relativa entre 75 e 80%. A cobertura vegetal caraterística da região de Manaus é a floresta tropical úmida, correspondendo a florestas densas com árvores emergentes e alta diversidade (Goulding, et al. 2003; Gordo, 2012).

Este estudo foi realizado na zona urbana de Manaus, entre março e maio de 2015.

Fig. 4. Localização de Manaus no Estado do Amazonas, Brasil, América do Sul.

2. 3Metodologia

2.3. 1Fragmentos florestais

Os fragmentos florestais dentro da cidade de Manaus estão amplamente distribuídos. Nas partes leste e oeste, ainda restam grandes fragmentos de mais de 100 ha, com conetividade relativamente boa entre si. Nas partes centrais, restam apenas remanescentes florestais pequenos e extremamente fragmentados, e estes estão em grande parte desconectados (Fig. 5). Uma vez que estes fragmentos estão a desaparecer rapidamente, é considerado muito importante manter e ligar estes fragmentos remanescentes, a fim de conservar uma metapopulação viável e reprodutora de mico-leão-pálido. O objetivo da criação de passagens de ligação a estes fragmentos dispersos é reduzir o coeficiente de consanguinidade, bem como apoiar a dispersão da espécie.

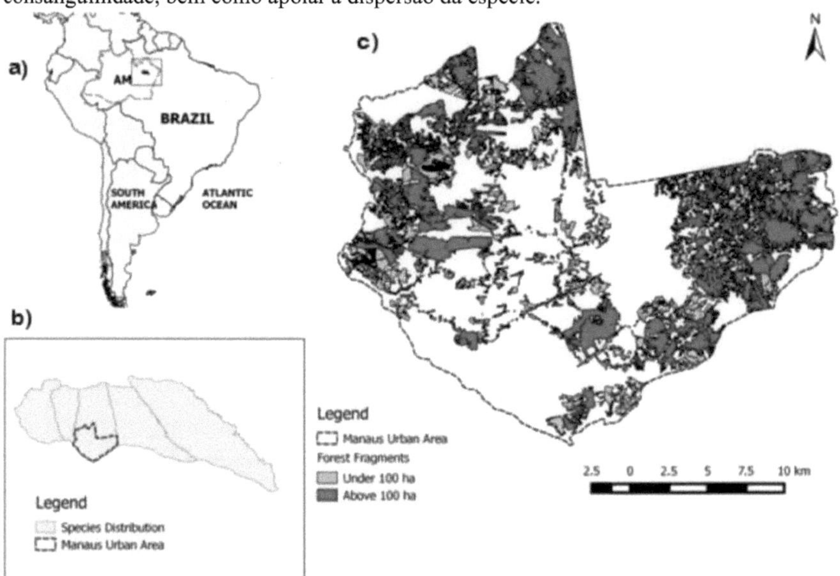

Fig. 5. Figura descrevendo a) a localização da América do Sul, b) a região do Amazonas e a área urbana de Manaus, e c) representando os fragmentos florestais <100 ha e >100 ha na área urbana de Manaus.

2.3.2 Pontos de investigação

Como parte do "Sumário Executivo do Plano de Ação Nacional para a Conservação do Mico-Leão-Preto" do ICMBio em 2012, Coelho (2013) realizou um mapeamento de áreas de hábitat adequado na região central de Manaus, e analisou o grau de fragmentação e conetividade funcional da área urbana de Manaus para o mico-leão-da-cara-dourada. Seus principais resultados incluíram que a área total mapeada de Manaus é de 48.000 ha, e que 40,17% estava coberta por habitat para *S. bicolor*. Foram identificados 4281 corredores entre todos os fragmentos, concentrados nas regiões norte, oeste e sudeste da área urbana. Ele também identificou 29 complexos de fragmentos prioritários. Esses 29 fragmentos são compostos por áreas altamente desmatadas, com alta quantidade de distúrbios humanos. Coelho (2013) concluiu que, apesar de seriamente fragmentada, a área urbana de Manaus ainda apresenta grandes extensões de habitat em sua periferia, mas 29 complexos de fragmentos prioritários necessitam da instalação urgente de corredores de conservação e do uso de redutores de velocidade.

Para este projeto, acrescentei os pontos de pesquisa do Parque Municipal do Mindu e do Parque Estadual Sumaúma, por sua importância no tamanho do habitat e por sofrerem fragmentação por estradas vicinais e outras perturbações humanas. Assim, estudei um total de 31 pontos de pesquisa (Fig. 6). Para uma visão geral detalhada das coordenadas de cada ponto de pesquisa, ver Apêndice I, Tabela I.

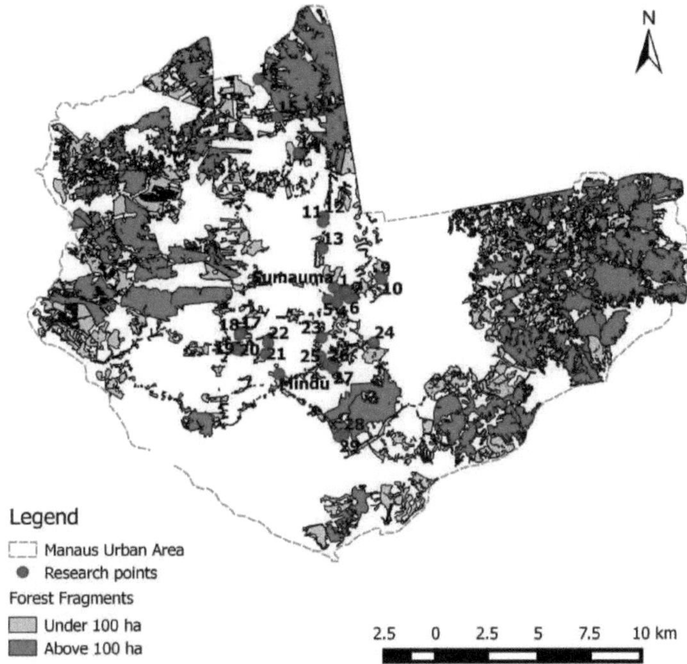

Fig. 6. Mapa dos 31 pontos de pesquisa e fragmentos florestais abaixo de 100 ha e acima de 100 ha na área urbana de Manaus, Brasil. Os números 1-29 foram identificados por Coelho (2013), enquanto Mindu e Sumaúma foram adicionados no presente estudo.

Como é de grande importância para a espécie se dispersar em áreas reservadas maiores, também examinei se era possível conectar o corredor central do Mindu aos arredores de Manaus e à reserva Adolpho Ducke, através do que mais tarde descreverei como um "corredor de teste" (ver *3.2 Corredor de teste*).

2.2.1 Parâmetros em cada corredor

Para implementar a melhor opção de corredor, foi necessário especificar um certo número de parâmetros para cada sítio. Ao pontuar cada sítio de acordo com os parâmetros das passagens e a dificuldade de implementação, torna-se muito mais claro quais as passagens que são mais essenciais e mais fáceis de implementar. Assim, desenvolvi um sistema de pontuação em colaboração com os meus supervisores Dr. Gordo e Dr. Rasiera, a fim de obter intervalos e classificações úteis.

2.2.2 Descrição dos parâmetros

(I) Água - Como Manaus possui uma grande variedade de rios e igarapés, foi importante localizar os corpos d'água, pois estes influenciam a distribuição natural da vegetação e o grau de perturbação humana (Goulding, et al. 2003). O parâmetro foi observado e medido através da localização visual do riacho/rio. A presença de água foi calculada numa distância de 10 metros. A pontuação variou entre 0-5 p, em que 0 indica a ausência de água. *(II) Poluição e lixo* - A quantidade de limpeza necessária antes da revegetação e replantação. A quantidade de lixo e a quantidade de poluição dos corredores foram determinadas visualmente como a quantidade de lixo no chão e a clareza da água em relação ao ambiente natural dos sítios. A pontuação variou entre 0-10 p.

(III) Cablagem eléctrica - Porque a falta de isolamento na cablagem eléctrica electrocuta *S. bicolor* e outros animais selvagens (comentário pessoal do Gordo, 1 de abril de 2015), identifiquei os locais onde havia necessidade de isolar os fios. A pontuação variava entre 0-10 p.

(IV) Tráfego - A quantidade de tráfego num local está altamente correlacionada com a quantidade de mortes na estrada em cada ano (comentário pessoal de Gordo, 1 de abril de 2015). A quantidade de tráfego foi observada determinando visualmente o número de veículos por minuto (tempo total de 1 minuto em cada ponto). A pontuação variou entre 0-10 p.

(V) Lombas - A intensidade do tráfego determina a possibilidade de aplicação de lombas, uma vez que o tráfego intenso dificulta a aplicação de lombas. Assim, a possibilidade de aplicação de lombas foi correlacionada com a quantidade de tráfego e também com a possibilidade ou não de aplicação de lombas. A pontuação variou entre 0-10 p. *(VI) Sinais de aviso* - Presume-se que os sinais de aviso reduzem o número de animais selvagens mortos. Registei todos os sinais de aviso em cada local. A pontuação variou entre 0-5 p.

(VII) Coberturas que se ligam sobre a estrada - Se as coberturas forem fechadas sobre a estrada de intersecção, isto é crucial, porque permite uma passagem segura para a vida selvagem. Este facto também determinará as espécies de árvores a replantar. Observei se uma ou várias copas de árvores estavam a ligar-se por cima da estrada. A pontuação variava entre 0-10 p.

(VIII) Escadas de corda - Determinar se é ou não possível implementar uma escada de corda é importante, uma vez que este ato de conservação pode ser implementado imediatamente.

Determinei a possibilidade de escadas com base na ligação das copas e na altura das árvores. A pontuação variou entre 0-10 p.

(IX) Tipo de vegetação (espécies recorrentes) - Foi efectuada uma caraterização da vegetação circundante em todos os locais. O tipo de vegetação das espécies recorrentes tem uma grande implicação nas espécies e na distribuição que uma replantação deve ter. Foram tiradas várias fotografias em todos os locais, a fim de classificar os géneros das árvores circundantes dos pontos do corredor projetado. As fotografias foram tiradas a partir do ponto central de cada corredor potencial. A pontuação foi realizada através da estimativa do género (Gordo, comentário pessoal, 1 de abril de 2015), 1 p por género. *(X) Possibilidade de revegetar a área* -1 determinou se a área era ou não possível de revegetar, tirando fotografias da vegetação de cada local. A pontuação variou entre 0-10 p.

(XI) Altura da vegetação -1 mediu a altura da vegetação em todos os corredores. A altura média (em metros) foi determinada visualmente. A pontuação variou entre 0-10 p.

(XII) Largura da estrada e do fragmento - A largura do corredor de habitat e a largura da estrada foram medidas no Google Earth (em metros). A pontuação variou entre 0-10 p.

2.4 Preparação do estudo de campo

Este estudo examinou 31 fragmentos (Fig. 6) e identificou se era ou não possível implementar um corredor em cada local. Para além disso, analisei 13 pontos para um corredor de teste (Fig. 7) para ligar às áreas protegidas da reserva Adolpho Ducke. Além disso, classifiquei o grau de maneabilidade de cada corredor (Simples, Moderado ou Difícil), com base nas medidas necessárias a tomar sob a forma de replantações, lombas, sinais de aviso, implementação de escadas de corda, despoluição e limpeza de lixo e remoção de espécies vegetais invasoras e/ou não úteis. Os corredores foram classificados em função da conetividade entre si e do grau de dificuldade de implementação e manutenção. Foi também efectuada uma breve classificação dos géneros de árvores circundantes de cada corredor, para determinar a necessidade de revegetação e manutenção.

2.5 Análises

Com a utilização de um GPSMAP Garmin modelo 76CSx, foi possível localizar os locais dos meus pontos de investigação utilizando as coordenadas GPS definidas, descritas no Anexo I, Tabela I. Os dados foram introduzidos utilizando o Excel, implementando-os em mapas no QGIS Wien (Versão 2.8). Se não fosse possível visitar o ponto central de um sítio, examinava-se o ponto mais próximo possível e anotavam-se fotografias e descrições das imediações. Utilizando o software estatístico

SPSS (Versão 22), foi utilizado um teste de Kruskal-Wallis para determinar quaisquer diferenças estatisticamente significativas entre os três grupos de classificação dos corredores (Simples, Moderado e Difícil), descrevendo a dificuldade de implementação de cada corredor em correlação com o número de géneros de plantas encontrados. Além disso, foi utilizado um teste de correlação de Spearman para determinar a relação entre a importância das plantas para *S. bicolor* e a classificação dos trechos.

CAPÍTULO 3

Resultados

De um modo geral, os sítios variaram bastante em termos de atributos e parâmetros específicos, vegetação local e conetividade entre si (conforme descrito em *2.3 Metodologia).*

3.1 Conectividade de fragmentos

90% dos 29 sítios de Coelho (2013) estão muito próximos uns dos outros (Fig. 6). As passagens que estão isoladas são as #17-22, que estão localizadas a nordeste do Parque Municipal do Mindu (que pode ser percebido como sendo central nas passagens que estudei).

As passagens #17-22 permanecerão isoladas da passagem de Mindu, embora com uma conetividade relativamente próxima uma da outra. Além disso, os trechos #11-12 e #14-16 estão distantes entre si, sendo que os trechos #14-16 estão completamente isolados um do outro. Isto deve-se à construção atual da grande autoestrada chamada "Avenida das Flores", que atravessa uma grande parte do centro de Manaus.

De resto, as restantes passagens estão muito próximas umas das outras.

3.2 Corredor de ensaio

Na paisagem analisada, havia várias áreas de habitat atravessadas por ruas, pavimentadas por casas e entrecortadas por grandes avenidas. Na periferia de Manaus, os fragmentos são maiores e menos urbanizados. Como é de grande importância para a espécie se dispersar para áreas reservadas maiores, como o CIGS e a reserva Adolpho Ducke, examinei se era possível conectar o corredor central do Mindu à periferia de Manaus e à reserva Adolpho Ducke. Testei 13 pontos no norte de Manaus, agora denominados SI a SI 3, para ver se uma conexão seria possível (Fig. 7).

3.2.1 O corredor do Mindu

O corredor do Teste foi concebido para ter uma grande proximidade com o corredor do Mindu. O corredor do Mindu baseia-se numa cadeia de fragmentos que se projectam para leste a partir do Parque Municipal do Mindu (ver Fig. 7, Passagem #Mindu). Estes fragmentos estão estreitamente ligados uns aos outros. Por conseguinte, seria provável criar uma cadeia decente de corredores que se projectam para fora do Parque Municipal do Mindu e, através do meu corredor Teste, ligar-se à reserva Adolpho Ducke. Isto criará uma cadeia quase ininterrupta de fragmentos florestais para ajudar os micos a dispersarem-se do Parque do Mindu e dos outros fragmentos próximos.

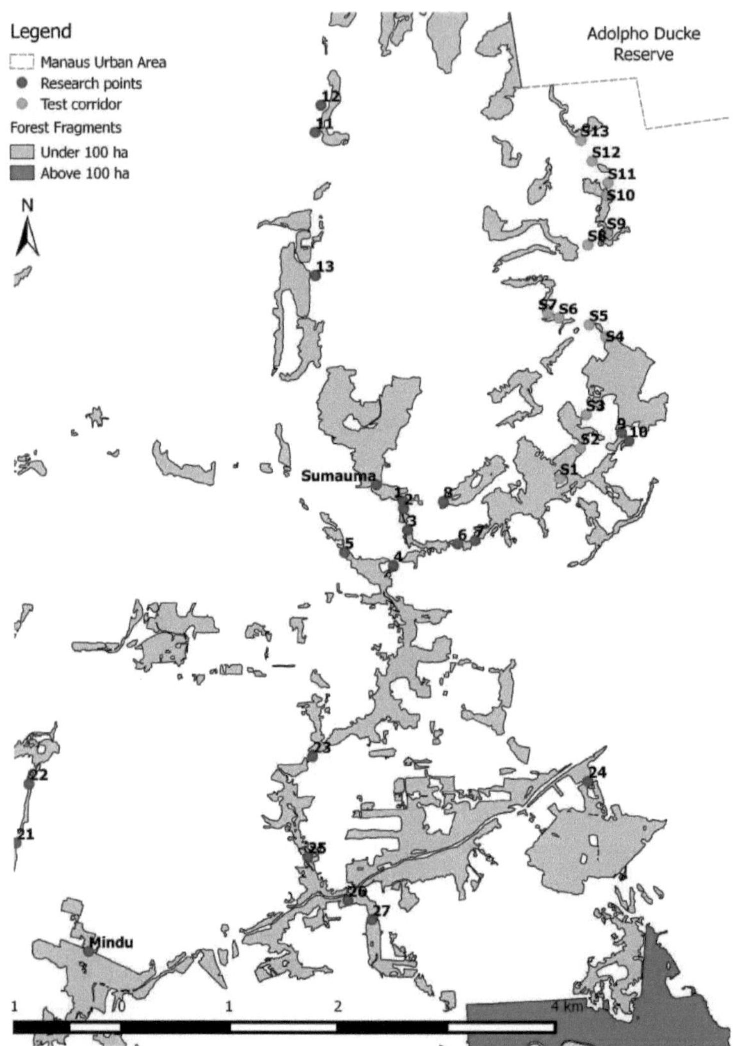

Fig. 7. O mapa mostra a área localmente designada por "Corredor do Mindu", devido à localização do Parque Municipal do Mindu no canto inferior esquerdo. A figura mostra também os 13 sítios do corredor de teste que potencialmente ligam a passagem central do Mindu à reserva Adolpho Ducke.

3.3 Rankings das passagens

Utilizando os parâmetros de cada sítio descritos no ponto *2.3.4 Descrição dos parâmetros,* foi possível definir e classificar cada sítio em função das características dos parâmetros.

3.2.2 Passagens simples

A definição de classificação de um potencial corredor de conservação como "Simples" foi uma passagem que pode ser conectada instantaneamente com escadas de corda ou que já contém um

pequeno dossel de conexão (Fig. 8). Era uma passagem que podia ser facilmente melhorada através

da limpeza de uma quantidade limitada de lixo e poluição existentes, da remoção de uma

quantidade limitada de plântulas de espécies invasoras e com a possibilidade de plantar plântulas

para efeito de tampão e replantação sucessiva de árvores de copa alta com longevidade alargada.

Prevê-se que seja de baixo custo e de rápida implementação devido às árvores de copa já existentes

e/ou à vegetação de alta qualidade com uma altura decente (superior a 15m). As lombas e os sinais

de aviso podem ser facilmente instalados, e há pouca ou nenhuma necessidade de isolamento da

cablagem eléctrica. O tráfego é geralmente baixo e as estradas são estreitas. Os fragmentos de

corredor são geralmente maiores. 12 passagens foram determinadas como passagens simples. Estas

tiveram uma pontuação total de 54 a 96 (Tabela 2).

Fig. 8. As fotografias são representadas por ordem; em cima, à esquerda, uma passagem de personagens "simples", em cima, à direita, uma passagem de personagens "moderadas" e, em baixo, uma passagem de personagens "difíceis" (fotografias de S. Barr).

3.2.3 Passagens moderadas

Uma passagem classificada como "Moderada" é uma passagem que necessita de uma quantidade

razoável de revegetação e limpeza numa primeira fase, podendo depois ser ligada por escadas de

corda e/ou toldos (Fig. 8). Existiam alguns fragmentos de vegetação, mas normalmente resta um

lado do fragmento que é aceitável. Estas passagens serão mais dispendiosas e demoradas do que as

de uma classificação fácil. Será necessário isolar a cablagem eléctrica e a qualidade da vegetação

existente é variável. A necessidade de replantação também será maior. Nalguns casos, classifiquei os pontos como moderados, mas caracterizam-se como difíceis de ligar, porque ainda há tempo e a perspetiva de implementar novas alterações no corredor de habitat e na sua envolvente. As lombas e os sinais de aviso são vitais, uma vez que o tráfego é geralmente moderado a elevado e as estradas são largas. Os fragmentos do corredor eram geralmente pequenos ou moderados. 13 passagens foram consideradas como passagens moderadas. Estas tiveram uma pontuação total de 39 a 53 (Tabela 2).

3.2.4 Passagens difíceis

"Difícil" foi uma passagem que será problemática de criar e manter, e onde nas proximidades da passagem existe um risco elevado de *S. bicolor* ser ferido ou morto (Fig. 8). Trata-se de uma passagem em que o tráfego é intenso e os fragmentos do corredor são pequenos. Estes corredores de habitat estão muito fragmentados e a vegetação está muito degradada. Por conseguinte, é necessária uma grande quantidade de replantação, juntamente com o isolamento de cabos eléctricos. O trecho foi caracterizado como muito poluído e com alto risco de interferência humana na forma de invasões ilegais de moradias e tráfego intenso. Será a mais cara e demorada de todas as passagens. As lombas nem sempre são possíveis devido à proximidade de estradas de tráfego intenso, mas os sinais de aviso e os radares de velocidade são essenciais nestas passagens. 7 passagens foram consideradas difíceis. A pontuação total destas passagens variou entre 22 e 35 (Quadro 2).

3.4Classificação   *das passagens por facilidade de gestão*

3.4.   1Parâmetros do corredor

Ao pontuar cada local de acordo com os parâmetros dos trechos e a dificuldade de implementação, fica claro quais trechos podem ser implementados mais rapidamente (Tabela 1). Os locais de teste do SI-SI 3 não foram avaliados, pois eram de classe extremamente baixa, não sendo sequer possível classificá-los nos parâmetros ou na caraterização da vegetação. Alguns parâmetros têm um impacto maior do que outros, simplesmente devido à importância do parâmetro.

Por exemplo, "Vegetação aérea de ligação - 10 p" versus "Sinais de aviso para *Saguinus* - 5 p", uma vez que é mais importante ter vegetação aérea de ligação do que sinais de aviso. A pontuação máxima foi de 10 pontos e a mínima de 0. As pontuações são apresentadas na Tabela 2.

Quadro 1. Descrição de cada um dos parâmetros e pontuação correlacionada.

Classification for parameter scoring in points (p):	Points (p):
Warning signs for *Saguinus*:	Yes – 5 p No – 0 p
Grade of trash:	None – 10 p Low – 7 p Medium – 4 p High – 0 p
Electric wiring with isolation:	No wiring – 10 p Yes – 5 p No – 0 p
Road width (m):	<5 m – 10 p 6 -10 m – 7 p 10 -15 m – 4 p >15 m – 0 p
Grade of traffic:	None – 10 p Low – 7 p Medium – 4 p High – 0 p
Possibility for speed bumps:	Yes – 10 p No – 0 p
Corridor width (m):	<50 m – 0 p 51-100 m – 4 p 101-150 m – 7 p >151 m – 10 p
Connecting overhead vegetation:	Yes – 10 p No – 0 p
Grade of possibility for re-vegetation:	None – 0 p Low – 4 p Medium – 7 p High – 10 p
Water presence:	Yes – 5 p No – 0 p

<table>
<tr><td>Possibility for rope ladder:</td><td>Yes – 10 p
No – 0 p</td></tr>
<tr><td>Vegetation height:</td><td><1 m – 0 p
1-5 m – 4 p
5-10 m – 7 p
>10 m – 10 p</td></tr>
</table>

Tabela 2. As pontuações determinadas para os 12 parâmetros de cada sítio. A classificação "Simples" é colorida a azul, "Moderada" é moderada" é colorida a laranja e "difícil" é colorida a vermelho.

Passage #	Warning signs for Saguinus	Grade of Trash	Electric wiring with isolation	Road width (m)	Grade of Traffic	Poss. Speed bumps	Corridor width (m)	Connecting overhead vegetation	Grade of possibility for re-vegetation	Water precence	Poss. Rope ladder	Veg. height	Total score
6	0	10	10	10	10	10	4	10	10	5	10	7	96
27	5	7	5	7	4	10	0	10	7	5	10	7	77
18	0	10	10	10	10	10	4	0	7	0	0	10	71
Sumauma	5	7	5	4	4	10	7	0	7	5	10	7	71
25	5	10	5	7	7	10	0	0	7	5	10	4	70
19	0	4	0	7	7	10	0	10	7	5	10	7	67
26	0	10	5	7	4	10	4	0	7	5	10	4	66
Mindu	0	7	0	7	4	10	7	0	7	5	10	7	64
20	0	7	0	10	10	10	0	0	10	0	0	10	57
29	0	7	5	4	7	10	7	0	7	2	0	7	56
28	0	7	5	4	7	10	7	0	7	0	0	7	54
5	0	4	5	4	4	10	7	0	7	5	0	7	53
24	0	4	5	4	4	10	7	0	7	5	0	7	53
11	0	10	10	0	10	0	7	0	7	0	0	7	51
12	0	10	10	0	10	0	7	0	7	0	0	7	51
13	0	10	10	0	10	0	7	0	7	0	0	7	51
14	0	10	10	0	10	0	7	0	7	0	0	7	51
15	0	10	10	0	10	0	7	0	7	0	0	7	51
16	0	10	10	0	10	0	7	0	7	0	0	7	51
8	0	7	0	7	7	10	0	0	4	5	0	7	47
7	0	7	5	4	4	10	0	0	7	5	0	4	46
10	0	7	5	4	7	10	0	0	7	5	0	0	45
17	0	4	5	7	4	10	0	0	4	5	0	4	43
9	0	7	5	0	0	10	4	0	4	5	0	4	39
3	0	4	5	0	4	10	0	0	0	5	0	7	35
22	0	7	5	4	4	10	0	0	0	5	0	0	35
4	0	4	0	10	10	0	4	0	0	5	0	0	33
21	0	4	0	10	4	10	0	0	0	5	0	0	33
1	0	0	0	10	7	10	0	0	0	5	0	0	32
2	0	0	0	10	7	10	0	0	0	5	0	0	32
23	0	4	5	0	0	0	4	0	0	5	0	4	22

3.4.2 Parâmetros da vegetação

Pontuando cada sítio de acordo com a caraterização da vegetação das passagens e ordenando-as por dificuldade de implementação, torna-se mais claro quais as passagens que são mais essenciais para implementar mais rapidamente (Tabela 3). Os locais de teste do SI-SI3 foram excluídos, pois eram de qualidade extremamente baixa. Infelizmente, com a forte desflorestação e limpeza do estaleiro da "Avenida das Flores", não foi possível fazer a contagem do género vegetal nos locais. Apenas fiz a observação de que existem muitas árvores de grande porte, de grande longevidade e boa vegetação ao longe, mas foi durante este estudo impossível ver o quão perto estariam da estrada em construção. Por isso, estabeleci uma pontuação elevada no "Número de géneros de plantas" para as passagens #11-16 (com a ambição de criar uma pontuação elevada devido à determinação de aumentar a priorização para estas passagens, a fim de implementar as alterações mais rapidamente). As pontuações são apresentadas na Tabela 4.

Quadro 3. Descrição de cada um dos parâmetros da vegetação e respectiva pontuação.

Classification for parameter	Points (p):
Number of plant genera:	1 p per genus
Reconstruction requirement:	None, best possible scenario – 20 p Possible rope ladder now – 15 p New construction site – 10 p Possible rope ladder soon – 5 p Need of reconstruction – 1 p
Need for a re-vegetation plan:	None – 20 p Minor – 10 p Large – 5 p Very large – 1 p

Tabela 4. As pontuações recolhidas para os parâmetros de vegetação de cada sítio. Nesta tabela, a cor azul representa a classificação das passagens "Simples" de implementar, a cor laranja representa as passagens "Moderadas" e a cor vermelha representa as passagens "Difíceis" de implementar.

Passage #	No. of plant genera	Particular plan	Re-vegetation plan	Total score
20	13	20	20	53
Mindu	16	15	10	41
28	12	15	10	37
26	10	15	10	35
27	10	15	10	35
25	9	15	10	34
19	8	15	10	33
6	7	15	10	32
29	7	15	10	32
Sumauma	6	15	10	31
18	14	5	10	29

11	15	10	5	30
12	15	10	5	30
13	15	10	5	30
14	15	10	5	30
15	15	10	5	30
16	15	10	5	30
7	12	5	10	27
9	15	5	5	25
17	13	5	5	23
8	15	1	5	21
10	15	1	5	21
24	11	5	5	21
5	13	1	5	20
22	13	1	5	19
2	17	1	1	19
21	11	1	5	17
3	7	1	5	13
23	4	1	5	10
1	5	1	1	7
4	3	1	1	5

3.4. 3 Pontuação total

Ao somar as duas pontuações (parâmetros do corredor e da vegetação), obtive uma pontuação total que, por sua vez, foi utilizada para definir todas as passagens por ordem de prioridade (Quadro 5).

Tabela 5. Pontuação combinada e priorização de todas as passagens de acordo com a soma de todas as pontuações descritas em *3.4.1 Parâmetros do corredor* e *3.4.2 Parâmetros da vegetação.*

Priority	Passage #	Parameter score	Vegetation score	Total Score
1	6	96	32	128
2	27	77	35	112
3	20	57	53	110
4	Mindu	64	41	105
5	25	70	34	104
6	Sumauma	71	31	102
7	26	66	35	101

8	18	71	29	100
9	19	67	33	100
10	28	54	37	91
11	29	56	32	88
12	11	51	30	81
13	12	51	30	81
14	13	51	30	81
15	14	51	30	81
16	15	51	30	81
17	16	51	30	81
18	24	53	21	74
19	7	46	27	73
20	5	53	20	73
21	8	47	21	68
22	17	43	23	66
23	10	45	21	66
24	9	39	25	64
25	22	35	19	54
26	2	32	19	51
27	21	33	17	50
28	3	35	13	48
29	1	32	7	39
30	4	33	5	38
31	23	22	10	32

Os resultados das classificações dos potenciais corredores de habitat estão representados na Fig. 9.

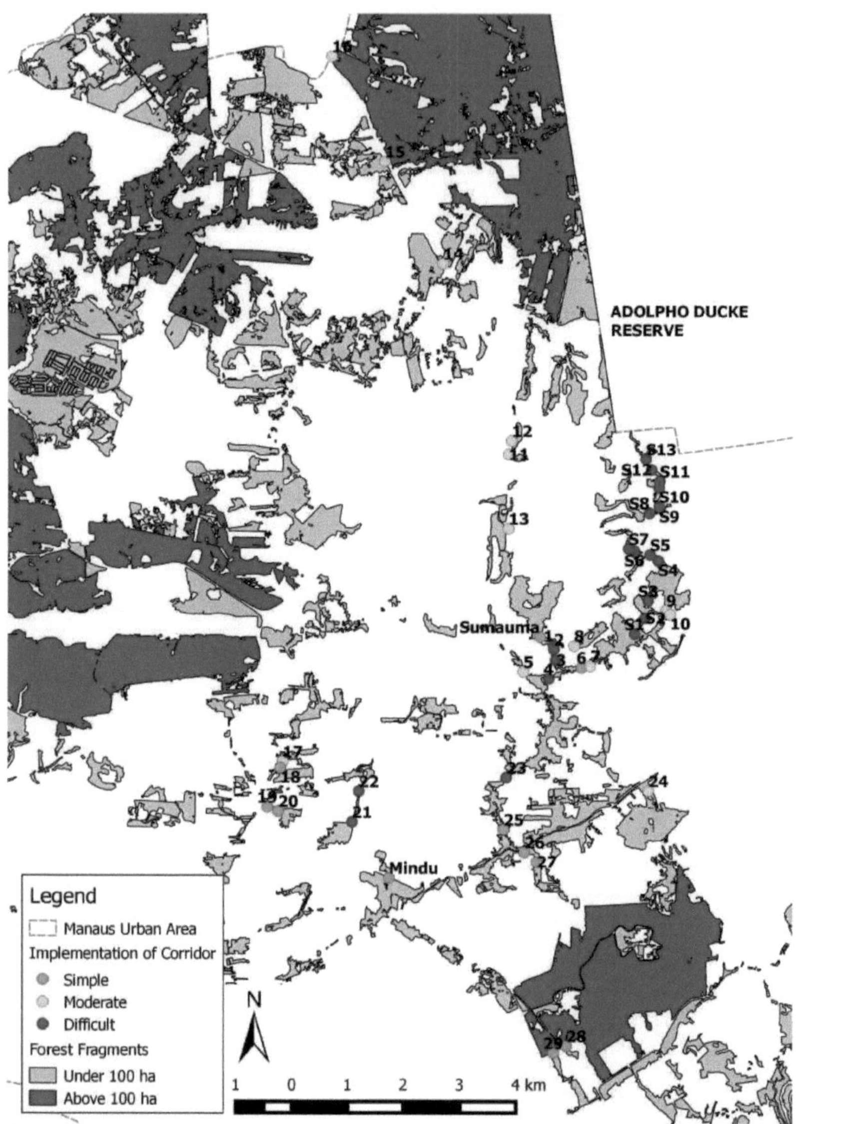

Fig. 9. Mapa da área urbana de Manaus para mostrar o grau de dificuldade de implementação de um corredor no ponto de pesquisa. Os pontos azuis representam corredores categorizados como Simples, os pontos laranja representam corredores Moderados e os pontos vermelhos representam corredores Difíceis.

3.5 Distribuição da vegetação

Há uma tendência clara de que 6 espécies estão a dominar os fragmentos, mas com as dificuldades em classificar a qualidade dos restantes fragmentos na proximidade da "Avenida das Flores", não calculei nenhum género nas passagens de #11-16. As árvores mais comuns encontradas nos 31 sítios são *Cecropia* em 24 (77,42%) dos sítios, *Clitoria* em 19 (61,29%) sítios, *Mauritia* em 17 (54,84%) e *Bertholletia, Inga* e *Euterpe* em 15 (51,61%) sítios (Fig. 10).

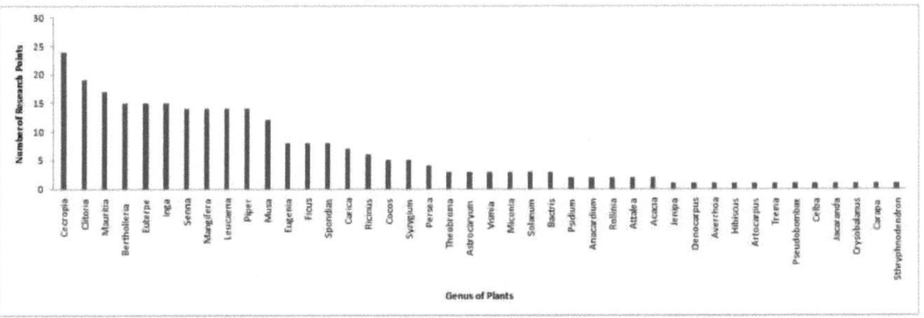

Fig. 10. Número de géneros de plantas encontrados nos diferentes pontos de pesquisa.

Do total de 42 géneros encontrados em todas as localidades, as plantas dos géneros *Clitoria, Mangifera, Carica, Theobroma, Musa, Anacardium, Inga, Spondias, Attalea, Vismia, Miconia, Ceiba* e *Sthryphnodendron* (13 no total) foram consideradas de elevada importância (Gordo, comentário pessoal, 1 de abril de 2015). As plantas dos géneros *Eugenia, Bertholletia, Mauritia, Cecropia, Ficus, Senna, Psidium, Leucaena, Euterpe, Jenipa, Persea, Cocos, Oenocarpus, Rollinia, Averrhoa, Astrocaryum, Hibiscus, Acacia, Artocarpus, Bactris, Trema, Pseudobombax, Jacaranda, Crysobalanus* e *Carapa* (25 no total) foram consideradas de média importância, e as plantas dos géneros *Solanum, Piper, Syzygium* e *Ricinus* (4 no total) foram consideradas de baixa importância para *S*. O número total de géneros de plantas não diferiu significativamente entre as três categorias de corredores (Simples, Moderado e Difícil; Kruskal-Wallis: p= 0,2926). Além disso, a distribuição dos géneros de plantas de importância diferente para *Saguinus bicolor* (importância alta, média e baixa) foi calculada para cada uma das três categorias de corredores, Fig. 11.

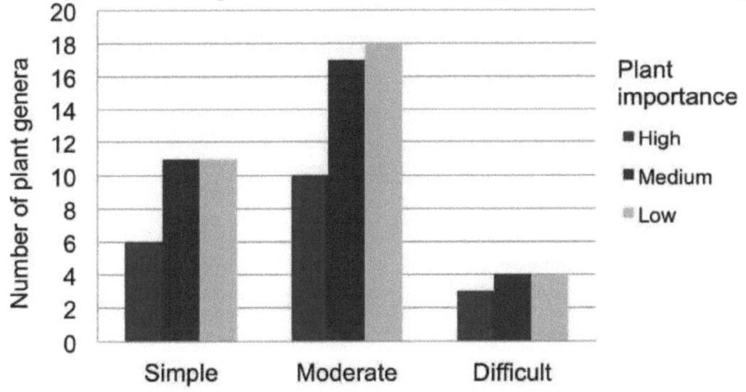

Fig. 11. Número de géneros de plantas encontrados nas três diferentes categorizações de corredores (Simples, Moderado e Difícil), divididos nas três categorias de importância de plantas (Alta, Média e Baixa importância) para *Saguinus bicolor*. Dados mais detalhados são apresentados no Apêndice H, Fig. I-II L

De forma correspondente, foram efectuados cálculos relativos à percentagem de géneros de plantas

encontrados em relação à sua importância para *S. bicolor,* Fig. 12. Um resumo pormenorizado de cada corredor é apresentado no Apêndice IL

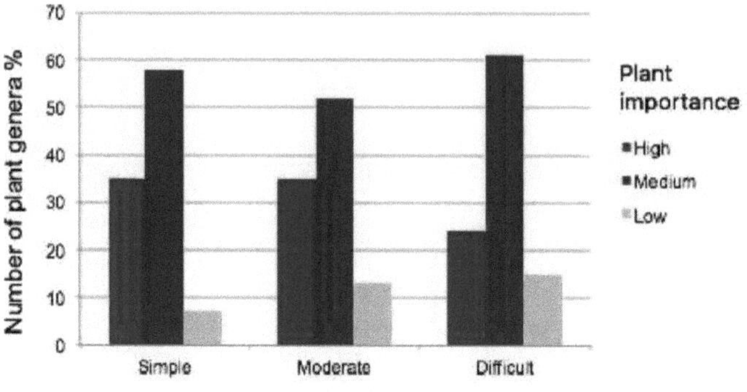

Fig. 12. **Porcentagem de gêneros vegetais encontrados nas três diferentes categorizações de corredores (Simples, Moderado e Difícil), divididos nas três categorias de importância vegetal (Alta, Média e Baixa importância) para** *Saguinus bicolor.*

Verificou-se uma tendência para uma relação positiva entre as classificações das passagens (número de passagens por ordem de classificação, de alto a baixo) e a percentagem dos géneros considerados de elevada importância para *S. bicolor* (valor R 0,344, p = 0,092), Fig. 13.

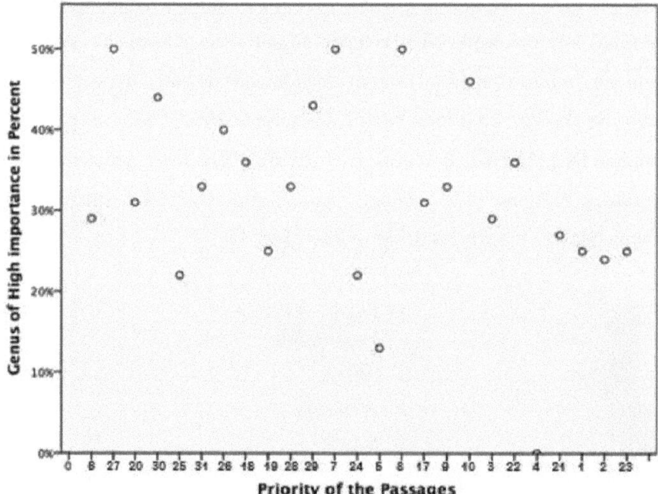

Fig. 13. **Relação entre as classificações das passagens e a percentagem de géneros de plantas de "elevada importância para** *S. bicolor"* **encontrada (R-value 0,344, p-value = 0,092). Note-se que o eixo x vai das passagens mais bem classificadas (à esquerda) para as menos bem classificadas (à direita).**

CAPÍTULO 4

Discussão

Nas páginas seguintes, discutirei as minhas descobertas e se fui ou não bem-sucedido, avaliando os corredores ecológicos no centro de Manaus e relacionando-os com os esforços actuais e futuros de conservação do mico-leão-de-bico-vermelho.

4.1.1 Conectividade de fragmentos

Uma vez que apenas uma pequena parte das passagens estava relativamente isolada umas das outras, não perspectivei a conetividade dos fragmentos entre si na classificação das passagens. As passagens #11-16 estão ligadas à construção da "Avenida das Flores", e são extremamente importantes porque podem ser incluídas nas mudanças e planos para esta área.

As passagens #17-22 estão de facto relativamente isoladas do corredor do Mindu, e inicialmente considerei-as menos importantes do que as outras passagens que se encontram no corredor do Mindu. Dito isto, são de facto importantes umas para as outras devido à sua estreita ligação entre si, uma vez que a ligação entre elas criará um fragmento maior, identifico-as agora como importantes, e 3 das passagens estão classificadas entre os 10 sítios mais importantes a implementar, mas têm de ser reconstruídas imediatamente. Caso contrário, as demais passagens estão relativamente próximas umas das outras e, com a ajuda da revegetação e da conetividade, criarão uma passagem que ligará os muitos fragmentos do centro de Manaus.

A pontuação do tamanho dos fragmentos pode ser útil devido ao problema de que os fragmentos pequenos correm o risco de se tornarem populações de afundamento devido a efeitos de borda. Quase 100% dos meus fragmentos estudados tinham menos de 100 ha (Fig. 5). As diferenças relativas de tamanho entre eles podem ainda assim afetar os parâmetros, o que poderia ser tido em conta num estudo futuro.

4.1.2 Corredor de ensaio

Com a extrema dificuldade de determinar o género das plantas na área do corredor de ensaio (situações hostis e deterioração urbana), e com o mau estado do terreno, concluí que, visitando e descrevendo as localidades, será um local excecionalmente hostil e perigoso para colocar uma passagem para os micos. A zona está fadada a uma pobreza substancial, a uma desfragmentação extrema e a grandes desmatamentos, e os únicos locais de vegetação parecem ser os quintais das casas locais. A área também é propensa a invasões ilegais recorrentes, pois é amplamente isolada do centro de Manaus e da organização legal. Com a forte fragmentação e desmatamento, seria extremamente dispendioso criar um corredor seguro para os micos. Teria de ser recriado com uma grande e densa avenida de árvores de alta qualidade, sinalização extensiva e redutores de velocidade, e uma ampla educação dos moradores, a fim de criar até mesmo uma possível forma de ligação à reserva Adolpho Ducke.

Recomendaria que se procurasse uma forma melhor e mais racional de ligar a passagem do Mindu à reserva de Adolpho Ducke, pois só vejo este corredor de ensaio como último recurso e apenas se for possível um apoio fundamental e importante durante muitos anos.

4.1.3 Classificação das passagens

Os corredores examinados eram muito diferentes, mas concluí que alguns deles são possíveis de realizar de imediato. As passagens classificadas de 1 a 11 parecem estar num estado tão bom que seria um projeto de baixo custo restaurá-las de imediato. As passagens de #11-16 são tratadas de forma especial, uma vez que na altura, entre março e maio de 2015, as passagens pareciam bastante danificadas, mas com a atual construção da autoestrada de intersecção "Avenida das Flores", apercebo-me de uma possível forma de sugerir imediatamente alterações para fazer com que estas passagens se liguem entre si e com a vegetação circundante, bem como para criar corredores decentes e seguros para os animais e plantas nas proximidades. Estas passagens têm, de facto, uma pontuação elevada (ver *3.4.2 Parâmetros de vegetação),* mas são consideradas "Moderadamente difíceis de implementar", uma vez que se encontram dentro do estaleiro da "Avenida das Flores", o que as retira da classe "Fácil".

Categoricamente, vejo um bom futuro para cerca de 50% das passagens (em particular as passagens classificadas de 1 a 17). As passagens classificadas de 18 a 31 apresentam algumas dificuldades, que variam em termos de gravidade e custo. Com um enfoque de implementação e revegetação nas passagens classificadas de 1 a 17, eu recomendaria uma análise posterior das restantes passagens, uma vez que com o tempo é possível que estas passagens se deteriorem a um ritmo elevado.

A passagem mais bem classificada #6 tem quase 4 vezes a pontuação da mais bem classificada #23. Porque é que existe uma diferença tão grande? A passagem nº 6 está localizada na parte nordeste do centro de Manaus, e na parte leste do complexo do corredor do Mindu. Mais detalhadamente, a passagem n.º 6 está quase completamente isolada de quaisquer estradas e perturbações humanas, uma vez que está localizada numa brecha do rio que passa, e os habitantes locais apenas instalaram tábuas simples para atravessar o rio. Assim, com o isolamento local, continuará a ser um corredor isolado e bem estruturado enquanto a população local não necessitar de um maior acesso às imediações.

A passagem n.º 23, em contrapartida, situa-se no interior de uma grande fenda que divide dois grandes fragmentos. Esta passagem ligará os fragmentos ao corredor maior do Mindu. O fosso é constituído, em grande parte, por estradas de tráfego intenso e grandes complexos de edifícios, como indústrias e habitações comerciais. Como esta área é muito utilizada, será muito difícil causar um impacto maior, para além de reduzir a velocidade, criar a possibilidade de lombas e reflorestar a área para que os micos evitem as auto-estradas tanto quanto possível. Apesar de o corredor ser importante para unir os fragmentos, será extremamente difícil de implementar, uma vez que a área é muito explorada. Possivelmente, as autoridades e legislações locais nem sequer permitiriam implementações maiores. Por conseguinte, a passagem n.º 23 recebeu uma pontuação tão baixa. As minhas pontuações e classificações são apenas índices arbitrários e uma observação temporária do aspeto das passagens no início de 2015.

4.1.4 Distribuição da vegetação
É evidente que os fragmentos com menos de 100 ha apresentam floresta muito degradada, pois são compostos em sua maioria por espécies reincidentes e oportunistas. No entanto, os géneros mais abundantes *(Cecropia, Clitoria, Mauritia, Bertholletia, Inga* e *Euterpe)* sugerem que existem espécies importantes para os micos, e que são bastante abundantes. *Cecropia* é uma das espécies pioneiras mais abundantes em clareiras naturais de árvores, pelo que não é raro encontrar este género em localidades degradadas e fragmentadas (Plant Encyclopedia, 2015). *Clitoria* é uma planta endémica com flor, que é comum, e também um género decente para os micos-de-papo-amarelo e outra fauna que se alimenta de néctar e flores (Gordo, 2012). *Mauritia* é uma palmeira em leque, também comum nestas áreas, e um género decente para os micos, uma vez que dormem e caçam insectos nelas (Gordo, comentário pessoal, 7 de abril de 2015). *Euterpe* é uma palmeira comum em pântanos e zonas húmidas, pelo que não é rara nos locais com solo húmido e, como é uma palmeira, é considerada uma espécie decente para os micos (Gordo, comentário pessoal, 7 de abril de 2015). *Bertholletia* é a castanha-do-pará e uma espécie vulnerável de acordo com a IUCN (Enciclopédia Vegetal, 2015), e cria boa madeira e dá frutos que os micos comem. *O ingá* cria boa madeira e plantas com flores e sementes, que os micos comem (Gordo, 2012). Entre as plantas não tão decentes encontradas nos sítios está a *Ricinus,* um membro das plantas de óleo de rícino e uma espécie invasora, que só cresce como um arbusto (Enciclopédia de Plantas, 2015), e é provavelmente de pouca importância para os micos.

Syzygiw/w, da família *Myrtaceae,* é um arbusto invasor (Plant Encyclopedia, 2015) e não tem significado para os micos. *Piper* (pimenta) é um arbusto herbáceo baixo com trepadeiras, com frutos nocivos para os primatas e outros mamíferos (Plant Encyclopedia, 2015), e *Solanum* é um arbusto baixo, relacionado com as batatas (Plant Encyclopedia, 2015), também sem utilidade para os micos.

Foi encontrado um total de 42 géneros nas localidades examinadas e, de acordo com Gordo (2012) e Gordo (comentários pessoais 2015), estes 42 géneros podem ser classificados como de importância "Alta", "Média" ou "Baixa" para os micos. 13 géneros foram calculados como tendo uma importância "elevada" para os micos. Estes 13 géneros *(Clitoria, Mangifera, Carica, Theobroma, Musa, Anacardium, Inga, Spondias, Attalea, Vismia, Miconia, Ceiba* e *Sthryphnodendrori)* ocorreram em 24 de 31 localidades. Os 25 géneros de importância "Média" *(Eugenia, Bertholletia, Mauritia, Cecropia, Ficus, Senna, Psidium, Leucaena, Euterpe, Jenipa, Persea, Cocos, Oenocarpus, Rollinia, Averrhoa, Astrocaryum, Hibiscus, Acacia, Artocarpus, Bactris, Trema, Pseudobombax, Jacaranda, Crysobalanus* e *Carapa)* ocorreram em todas as 31 localidades, e as quatro plantas dos géneros *Solanum, Piper, Syzygium* e *Ricinus*, calculadas como de importância "Baixa", foram encontradas em 18 localidades. Com estes dados, posso concluir que, em todas as 31 localidades, existe uma boa vegetação para os micos. Embora o teste do qui-quadrado de Kruskal-Wallis não tenha encontrado diferenças significativas entre os grupos (Simples a Difícil) para o número de géneros de plantas, posso concluir que os géneros de vegetação de elevada importância para os micos são abundantes.

No que diz respeito à classificação dos trechos, uma análise de correlação de Spearman mostrou a tendência para uma relação entre a classificação e o número de géneros de importância "elevada" para *S. bicolor. De seguida, discuto* a qualidade da vegetação das três categorias ("Simples", "Moderada" e "Difícil") separadamente. Dentro dos trechos "Simples", as localidades #6, #18, #19, #29 e #Sumauma não apresentaram gêneros de plantas de baixa importância, mas todas elas possuem plantas consideradas de alta importância. Este facto concorda com o facto de a qualidade da vegetação poder estar correlacionada com a pontuação das passagens. Se assim for, as localidades são facilmente geridas e não exigirão replantações de um excesso de espécies de plantas duráveis.

Dentro dos trechos determinados como "Moderados", todos os trechos apresentaram gêneros de plantas considerados de baixa importância e todos apresentaram plantas consideradas de alta importância. Isto indica que a qualidade da vegetação é muito variada, e que a categorização dos trechos e a qualidade da vegetação estão correlacionadas. Nestas circunstâncias, as localidades são moderadamente difíceis de manejar, e é necessária mais investigação para clarificar onde serão necessárias plantações. É possível que haja uma procura relativamente elevada de replantações de espécies de plantas duradouras nestes locais.

Nos trechos "Difíceis", os trechos 1 e 3 não apresentam nenhum género de planta considerado de baixa importância, enquanto o trecho 4 não apresenta nenhuma planta considerada de alta importância. Mais uma vez, isto indica que a qualidade da vegetação é variada. É necessária mais investigação para esclarecer onde serão necessárias plantações. Infelizmente, com a forte desflorestação e limpeza do local de construção da "Avenida das Flores", não foi possível contar os géneros de plantas nos locais. Por isso, não calculei nenhum género nas passagens #11-16. Isto criou uma falta de dados nestas áreas, e será necessária mais investigação quando a avenida estiver quase concluída.

4.2 Recomendações

As classificações deste estudo são a base de uma recomendação que estava em vigor no início de 2015. Os corredores mudam em muitos aspectos e, por isso, todas as recomendações podem não ser aplicáveis a todos os trechos. Por conseguinte, consciente da elevada probabilidade de uma maior deterioração das localidades, recomendo vivamente um conjunto geral de recomendações.

4.2.1 Parâmetros e recomendações para o corredor

As minhas recomendações são as seguintes para todas as passagens. Aplicação de (por ordem de prioridade):

    (I)   Legislações mais rigorosas para a proteção dos fragmentos,

    (II)   (III) Limites de velocidade controlados (sinais e câmaras), (IV) Lombas,

    (V)   Escadas de corda, se for caso disso,

    (VI)   Sinais de aviso de *Saguinus* (e/ou sinais de passagem de animais selvagens),

    (VII)   Limpar o lixo e despoluir,

    (VIII)   As copas e as árvores devem ultrapassar a cablagem eléctrica,

    (IX)   Fios isolados para postes eléctricos, (X) Limpeza de pequenos géneros de plantas invasoras (<1 m de altura).

Além disso, para a estrada "Avenida das Flores" nas passagens #11-16, as minhas recomendações são as seguintes

(1)   Induzir limites de velocidade mais elevados e a utilização de radares de velocidade, quando aplicável, (II) Legislação mais rigorosa para manter estas avenidas e a vegetação circundante, (III) Controlar e manter as espécies invasoras, o lixo e a poluição a um nível mínimo.

As escadas de corda são documentadas como eficazes em viadutos e cruzamentos de estradas (Teixeira et al., 2013). Conforme descrito por Teixeira et al. (2013), os macacos uivantes *(Alouatta guariba clamitans,* Cabrera 1940) em Porto Alegre, Brasil, utilizam ativamente as escadas de corda, bem como muitas outras espécies de mamíferos. Também são bastante económicas, cerca de 100 dólares por escada. As escadas de corda são inteligentes, mas também é essencial que as linhas de energia e os cabos eléctricos sejam isolados quando presentes (Teixeira et al., 2013). Idealmente, cada estrada de intersecção seria semelhante a estas passagens na Fig. 14, em que as estradas são pavimentadas com lombas, decoradas com sinais de aviso de travessia da vida selvagem, têm bordas bem estruturadas com vegetação decente de boa altura, e escadas de corda implementadas sobre as lombas. Estas imagens também descrevem a melhor disposição da escada de corda para atravessar as estradas.

Fig. 14. Foto da esquerda mostrando a melhor solução para o viaduto, como visto em Ponta Negra. Boa escada de corda, lombadas ao redor do viaduto e sinais de alerta com velocidade reduzida antes e depois. A foto é da parte noroeste de Manaus, num assentamento recém-construído em Ponta Negra. À direita, a foto mostra um bom exemplo de escada de corda. A escada foi projetada como uma escada, com muitas escadas próximas umas das outras. As trepadeiras crescem sobre elas para uma boa camuflagem e uma passagem de aparência natural. Existem lombadas e velocidade reduzida com sinais de aviso de travessia de animais selvagens. Foto de uma área industrial fora do centro de Manaus (Fotos de S. Barr).

Preste especial atenção à foto da direita na Fig. 14, onde as videiras estão a crescer na escada de corda. Esta é uma excelente forma de camuflar a escada de corda para reduzir a sabotagem humana, mas também uma forma perfeita de introduzir e encorajar a vida selvagem a usar as escadas de corda, uma vez que agora parecem mais naturais. Como uma forma de determinar o sucesso do acordo do governo local sobre a situação aguda de electrocussões de micos e outros animais selvagens locais, Jersualsinsky (2010) descreve uma estratégia bem sucedida no Brasil utilizada desde 1999. Documentaram incidentes de eletrocussão de linhas eléctricas envolvendo bugios (*Alouatta* spp.) e outros animais selvagens. Após dois anos de processos judiciais, o tribunal finalmente ordenou que a empresa de energia do Rio Grande do Sul revestisse e isolasse as linhas de energia em áreas onde os bugios e outros animais corriam o risco de serem electrocutados. Embora Jersualsinsky (2010) descreva que os riscos eléctricos ainda estão presentes neste e noutros bairros, é necessária uma monitorização constante para evitar acidentes e socorrer as pessoas afectadas. Este exemplo talvez possa ser útil também para a situação em Manaus.

4.2.2 Recomendações de replantação

É evidente que, para criar e manter os corredores, as replantações das zonas necessitam de uma estrutura clara. A tónica deve ser colocada nos géneros de árvores duráveis e importantes. Também recomendo que se mantenham todos os corredores com vegetação, mesmo que nem todos os géneros presentes sejam valiosos e duradouros neste momento. Assim, sugiro que as espécies invasoras com mais de 2 metros sejam mantidas, uma vez que ainda podem ser utilizadas por *Saguinus* e outras espécies, possivelmente substituindo-as gradualmente por géneros mais fortes, resistentes e endémicos como *Inga, Samauma* e outros géneros de madeira mais durável e com grande importância para *S. bicolor*.

Pode-se argumentar: por que replantar e manter árvores de grande importância para o *S. bicolor* nos corredores ecológicos? Não faria sentido manter os micos nos corredores, uma vez que o principal objetivo dos corredores é permitir a dispersão das espécies dos diferentes fragmentos, e não mantê-las dentro do próprio corredor? Os argumentos implicam que poderia haver uma hipótese de as espécies permanecerem e habitarem o corredor em vez de continuarem a dispersar-se. Este é um argumento respeitável, mas outro é que se deve procurar melhorar a flora local e enriquecer o corredor e outras localidades que os micos possam habitar, devido ao elevado risco de deterioração da área circundante. Se replantarmos as localidades com espécies duradouras e úteis, que possam sustentar os macacos, há uma maior probabilidade de as espécies serem mais resistentes a acidentes estocásticos.

Relativamente às circunstâncias em torno do estaleiro "Avenida das Flores", existem recomendações especiais para estes locais:

(I)   Criar uma passagem no meio da estrada, com árvores de grande porte de qualidade madura e de grande longevidade, por exemplo, *Samauma, Inga,* e outras espécies de madeira durável e de grande importância para *S. bicolor*. Estas árvores precisam de ter uma copa completa e de ligação e um tronco robusto. Com a utilização destas árvores, as copas de ligação de cada lado da autoestrada podem ser mantidas, e as escadas de corda são uma forma possível de ligação aos espaços intermédios,

(II)   Proceder a replantações extensivas de vegetação duradoura ao longo das bermas das auto-estradas, a fim de estabelecer a ligação com a avenida no centro.

Como descrito anteriormente, muitas mudanças podem provavelmente já ter ocorrido desde o início de 2015, e quanto mais tempo passar, mais importante será revisitar os sítios para examinar a vegetação e as características das localidades.

4.3 O futuro

4.3.1 Nos próximos cinco a dez anos

Então, com os resultados que encontrei, o que o futuro nos reserva? Dentro dos próximos cinco anos, prevejo que os corredores e fragmentos que estudei terão mudado drasticamente, possivelmente devido ao aumento do tráfego, cortes rasos e invasões humanas. Tal como descrito anteriormente, com a atual elevada taxa de destruição, muitas passagens serão mais difíceis de reconstruir e gerir. Por conseguinte, é fundamental que os investigadores governamentais, as campanhas públicas e os detentores de micos ex-situ, como jardins zoológicos e universidades (entre outros), contribuam tanto quanto possível com financiamento e investigação para reconstruir e gerir as passagens o mais rapidamente possível. Também é crucial que a educação e as campanhas públicas sejam induzidas em Manaus o mais rápido possível.

Se a comunidade local estiver mais sensibilizada para a situação, haverá um aumento do conhecimento geral das espécies locais e endémicas, bem como da emergência pendente da situação. Uma solução seria promover reembolsos pela plantação de árvores e plantas decentes em jardins privados, bem como receber compensações por dar informações às autoridades locais sobre invasões ilegais actuais ou futuras, micos em cativeiro ou mortes observadas de indivíduos de mico-leão. De igual modo, a promoção de uma maior sensibilização para a natureza e para as espécies endémicas nas escolas é essencial. Se os jovens estiverem sensibilizados e contribuírem de uma forma em que se sintam parte, acredito que serão mais produtivos na forma como tratam a natureza envolvente e a conservação das espécies em vias de extinção (e talvez até no tratamento holístico dos animais).

Preocupantemente, se os fragmentos e passagens de Manaus não forem controlados, e se não forem tomadas medidas para criar corredores de vida selvagem, suspeito que todos os fragmentos actuais desaparecerão, assim como todas as espécies locais e endémicas que deles dependem. A população local também perderá o contacto com a natureza, e só verá a flora e a fauna locais num estado desesperado, com espécies mortas ou moribundas por toda a cidade. Com a diminuição da probabilidade de dispersão, as populações satélites locais sofrerão uma grande consanguinidade, podendo atingir um coeficiente de consanguinidade deletério.

4.3.2 Projectos de conservação bem sucedidos em conjunto com as populações locais

Um projeto de conservação muito bem sucedido, no qual a comunidade local foi incluída, é o projeto "Cans for Corridors", criado pelo pessoal do Durrell Wildlife Conservation Trust (Reino Unido) em 2002. O projeto centra-se no mico-leão-preto *(Leontopithecus chrysopygus, Mikan 1823),* criticamente ameaçado de extinção. O projeto foi inicialmente lançado nas escolas de Jersey, no Reino Unido, onde as latas de alumínio eram recicladas e o rendimento utilizado para comprar e replantar árvores na floresta tropical brasileira (Durrell, 2015). Cada cinquenta latas doadas permitiram ao Durrell Wildlife Conservation Trust comprar uma árvore, tendo sido agora responsável pela plantação de cerca de 80 000 árvores numa área do tamanho de dez campos de futebol. A Durrell Wildlife Conservation está a trabalhar em conjunto com a organização de conservação brasileira (IPE), e desenvolveu agora um poderoso programa de conservação num esforço para salvar o mico-leão-preto da extinção. De acordo com Durrell (2015), o programa capacita os sem-abrigo da região local, dando-lhes apoio para iniciarem pequenas explorações para o cultivo de mudas de árvores e incentivando a plantação de corredores de vida selvagem entre as manchas isoladas de floresta que são o habitat natural deste pequeno primata e de outras espécies ameaçadas de extinção.

Simplesmente, o projeto "Latas para Corredores" ilustra uma forma modesta mas incrivelmente eficaz de as pessoas da comunidade poderem fazer algo que tem um efeito direto num dos ecossistemas mais ameaçados do planeta (Durrell, 2015). Embora a comunidade local neste exemplo seja a comunidade de Jersey, no Reino Unido, acredito que projectos como este seriam altamente adequados e bem-sucedidos em locais como Manaus. Se projectos como este forem apoiados, a maior sensibilização para as espécies endémicas e os esforços de conservação em Manaus podem aumentar os empregos e as oportunidades de carreira no sector da conservação. Com mais empregos, vem a conscientização geral, e acredito que isso promoverá mais pesquisas pagas pelo governo, o que é muito necessário. Como descrito por Gordo (2012), poucos estudos foram publicados sobre a ecologia e o comportamento do mico-leão-da-cara-roxa. Sugiro também que sejam efectuados mais estudos sobre a eficiência e a conceção dos corredores de vida selvagem.

4.3.3 *Trabalhos ex-situ*

As populações atuais de micos em ex-situ precisam ser mantidas para manter uma população geneticamente viável em cativeiro, que é um pré-requisito para qualquer futura reintrodução na natureza. As reintroduções de *S. bicolor* não são apropriadas neste momento, uma vez que não há financiamento e investigação suficientes sobre a atual população selvagem e há necessidade de criar, manter e ligar habitats viáveis no centro de Manaus. Também é necessária mais investigação sobre o comportamento dos micos, especialmente sobre os efeitos da separação das famílias e da sua translocação para novas áreas.

As populações em cativeiro também podem ser utilizadas para aumentar a compreensão geral e a sensibilização do público para a espécie. Uma forma adequada de o fazer seria criar campanhas nos jardins zoológicos locais. Por exemplo, os detentores poderiam criar "Dias do Mico-leão-pálido", em que o público seria informado da situação atual dos micos e do que poderiam fazer, apesar de não estarem na Amazónia. Os detentores podem também angariar fundos para os micos e descrever em pormenor a utilização desses fundos.

4.3.4 Translocação e reintrodução de populações de primatas

A translocação é a libertação intencional de animais no meio natural para estabelecer, restabelecer ou aumentar a população selvagem (Griffith, et al., 1989). Contrasta com a reintrodução, um termo que é geralmente utilizado para representar a introdução de indivíduos em cativeiro no meio natural (Moinde et al, 2004). Por conseguinte, as reintroduções são definidas, em termos gerais, como o regresso de animais que passaram uma parte da sua vida em cativeiro e que são depois reintroduzidos no meio natural (Moinde et al, 2004). Este procedimento é utilizado em casos de espécies extremamente ameaçadas, a fim de complementar populações que são criticamente pequenas, ou para restabelecer grupos selvagens de animais que estão extintos nas suas antigas áreas de distribuição (Moinde et al, 2004).

A translocação de espécies deve ser feita com cuidado, como num estudo de Dufour et al. (2011). Encontraram níveis substancialmente elevados de hormonas de stress quando transferiram macacos-prego *(Cebus apella, L. 1758)* e macacos-esquilo *(Saimiri sciureus, L. 1758)* para novos habitats. Outro estudo de Schaffner & Smith (2004) sublinhou a importância de realojar primatas com parceiros familiares e bem estabelecidos, uma vez que indivíduos desconhecidos e estranhos têm uma resposta ao stress extremamente prolongada. Moinde et al. (2004) descobriram que os factores importantes para o êxito da captura e da relocalização de primatas florestais incluem a compreensão adequada da utilização da área de residência do bando e da organização dos laços sociais no seio do bando, o método e o período de habituação, o método de libertação, a adequação do novo habitat às necessidades do nicho ecológico da espécie em questão e o período de monitorização pós-localização.

Devido aos problemas de relocalização de primatas e ao efeito pouco conhecido das translocações para o mico-leão-pálido, bem como à atual baixa qualidade do ambiente natural, a translocação desta espécie pode nem sempre ser adequada (Gordo, comentário pessoal, 1 de abril de 2015). Tal como no caso dos micos-leões, muitas aves, répteis e mamíferos podem sobreviver em áreas urbanas e suburbanas devido à sua capacidade de lidar com paisagens altamente fragmentadas, mas não existe obviamente um consenso claro sobre a melhor estratégia para gerir a fauna nestas situações. Os esforços para devolver à natureza alguns indivíduos de espécies não ameaçadas não são normalmente considerados medidas conservacionistas, nem as medidas centradas em membros individuais de espécies ameaçadas. Gordo (Pers, comentário de 1 de abril de 2015) sugere a monitorização e o seguimento dos indivíduos e grupos de micos locais em vez da sua translocação.

Através da investigação das populações locais (mas isoladas), poderíamos obter conhecimentos valiosos sobre a dinâmica do grupo e o que determina a dispersão do grupo.

No entanto, como os micos-leões são considerados ameaçados local e regionalmente e com os conflitos prejudiciais com os humanos na cidade de Manaus, podem surgir situações em que indivíduos ou grupos de *S. bicolor* estarão ameaçados de extinção local. Nessas situações agudas e raras, uma translocação desses indivíduos talvez seja mais bem sucedida do que simplesmente deixá-los à própria sorte.

Por outro lado, tem havido reintroduções bem-sucedidas de micos no Brasil. Um exemplo é o mico-leão-dourado *(Leontopithecus rosalia, L. 1766)*, ameaçado de extinção, que é nativo da Mata Atlântica no leste do Brasil. Os primeiros micos-leões-dourados nascidos em cativeiro foram devolvidos à natureza em 1984. A população em cativeiro de micos-leões-dourados tem sido mantida desde o final da década de 1970 e, com a utilização de uma seleção cuidadosa de parceiros reprodutores, a população em cativeiro é considerada autossustentável (WPRC, 2011).

A reintrodução destes animais implicou um treino extensivo em cativeiro, de modo a ensinar-lhes, por exemplo, como se deslocar na floresta, encontrar e recolher insectos de pequenas aberturas, encontrar e recolher água de flores e outros recursos, bem como apresentá-los aos predadores. Depois de terem sido treinados em cativeiro no National Zoological Park (EUA), os micos foram transportados para o Brasil, onde passaram seis meses em quarentena para garantir que não eram portadores de doenças ou parasitas que pudessem infetar os micos selvagens (WPRC, 2011). Após o período de quarentena, os micos-leões-dourados nascidos em cativeiro foram libertados das suas jaulas na Reserva Biológica do Pogo das Antas e noutras terras privadas que circundam a reserva. Também lhes foram fornecidos alimentos e locais para dormir, bem como apoio veterinário para garantir a sua sobrevivência. Ao longo do tempo, à medida que os grupos reintroduzidos foram aprendendo sobre os alimentos naturais e os recursos existentes nos seus territórios, tornaram-se menos dependentes do fornecimento de alimentos e acabaram por deixar de o ser.

Até à data, cerca de 40% da população selvagem total de micos-leões-dourados provém de esforços de reprodução e reintrodução em cativeiro. Começando com 18 indivíduos nascidos em cativeiro, a
A população tem crescido à medida que os fundadores produzem descendentes de mamíferos selvagens (WPRC, 2011). No entanto, com o conhecimento de reintroduções bem-sucedidas de populações de micos em cativeiro, há uma necessidade premente de assegurar e proteger o habitat de vida selvagem remanescente, caso contrário todo este esforço será em vão.

4.4 Conclusões

Este projeto resume claramente a grande variabilidade e a profunda fragmentação dos últimos remanescentes florestais da região central de Manaus. Os fragmentos que restam são cada vez mais pequenos e de qualidade decrescente, e com isso vêm os efeitos preocupantes sobre as últimas populações locais de *Saguinus bicolor*. Espera-se que futuros pesquisadores e legisladores possam usar este projeto para justificar uma maior proteção da terra e aumentar os efeitos de conservação para salvar os micos-leões. Com a rápida deterioração da terra e com o aumento da população humana, as acções devem ser rápidas. Embora os corredores ecológicos possam ter aspectos negativos, aconselho vivamente a utilização destes corredores como um método de conservação para a Manaus urbana, pois concluo que é a melhor opção neste momento.

Com os dados coletados por este projeto, e o conhecimento adquirido sobre a área, resumo estas recomendações para restaurar os fragmentos florestais de Manaus, e criar corredores ecológicos que ajudarão na conservação desta magnífica espécie.

Há uma necessidade imediata de implementação;

(I) Proteção imediata dos últimos fragmentos que restam,

(II) Replantações quando necessário, de acordo com a classificação,

(III) Barreiras de velocidade, escadas de corda e sinais de aviso, se for caso disso,

(IV) Aumento da investigação sobre a ecologia e a etologia de *Saguinus bicolor,*

(V) (VI) Campanhas na cidade (e no país) tendo o mico-leão como espécie bandeira, (VII) Colar as populações locais de micos-leões e segui-las, (VIII) Aumentar a investigação sobre os primatas localizados na cidade, (IX) Limpar o lixo e a poluição,

(X) Participação da comunidade em projectos de conservação,

(XI) Melhor planeamento comunitário,

(XII) As escolas começam a ensinar conservação,

(XIII) Reembolsos e compensações para as pessoas que plantam árvores no quintal e trabalham com conservação,

(XIV) Utilizar a estrada da UFAM, fechada mas muito utilizada, como corredor de ensaio onde poderiam ser implementadas lombas, escadas de corda e armadilhas fotográficas para investigação.

(XV) A deslocação de primatas como último recurso,

(XVI) Relocalização de indivíduos sem futuro claro em jardins zoológicos para programas de reprodução.

Em conclusão, para além das alterações legislativas que devem ocorrer para proteger as florestas remanescentes, é necessário concentrar-se no restabelecimento de corredores entre bolsas de floresta fragmentadas, bem como em esforços de reflorestação em grande escala que devem ser empreendidos. Por último, devem continuar os esforços para aumentar a população de micos-leões-de-bico-vermelho através da reprodução em cativeiro e da translocação (com futura reintrodução), a fim de dissuadir os efeitos da destruição e degradação do habitat induzidas pelo homem.

Há uma grande probabilidade de que os últimos micos-leões-pretos que restam não prevaleçam. Apesar de muitos investigadores e activistas locais defenderem fortemente esta espécie (e muitas outras), existe o risco pendente de que nenhuma destas recomendações seja possível de implementar. É claro que isto é uma grande tragédia para a espécie, mas também sinto que vamos perder uma grande batalha, uma vez que muitos investigadores e habitantes locais vêem o mico-leão-pálido como uma espécie emblemática. Se perderem esta batalha por uma espécie emblemática muito especial e desejável, que esperança haverá para os "menos desejados"?

4.5 Reflexões pessoais

Com a grande e crescente comunidade pobre de Manaus, era muitas vezes bastante difícil trabalhar e deslocar-se na cidade. O facto de eu ser uma jovem europeia sozinha tornou por vezes bastante óbvio que eu não fazia parte da população local. O Dr. Gordo e outros investigadores locais aconselharam-me vivamente a não visitar as localidades por minha conta e a não visitar ou viajar em muitos dos distritos de Manaus. Por isso, tive a ajuda do Dr. Rasiera e de outros pesquisadores no campo, que me ajudaram a conduzir até as diferentes localidades e a superar as barreiras linguísticas. Isso impossibilitou visitas espontâneas aos pontos de pesquisa, e tive que planejar a maioria das visitas com várias semanas de antecedência. Além disso, a condução num veículo do Governo não foi muito apreciada em muitos dos bairros mais pobres da cidade e, por isso, muitas das visitas só puderam ser feitas em pequenas paragens. Há também uma falta de pesquisa e informação sobre esta espécie em inglês, uma vez que a maior parte do material disponível e as pesquisas mais recentes sobre o assunto estão em português. No entanto, mesmo com estas dificuldades, achei o povo brasileiro muito caloroso e acolhedor, e são de facto muito carinhosos. Gostei muito de cada minuto da minha visita à Amazónia.

4.6 Agradecimentos

Estou certo de que este projeto nunca teria sido imaginável sem a ajuda de alguns cientistas notáveis. Em primeiro lugar, tenho de agradecer profundamente ao Dr. Jan Westin, Zoólogo e Diretor Científico do Centro e Museu de Ciência Universeum, na Suécia, por me ter dado a oportunidade de realizar este projeto e agradecer-lhes o patrocínio do mesmo. Sem a ajuda do Universeum, minha conexão com o Dr. Marcelo Gordo e o Dr. Marcelo Raseira, professores da

Universidade Federal do Amazonas, não teria ocorrido. Agradeço profundamente ao Dr. Gordo, ao Dr. Raseira e a todos da UFAM e do CEP AM que me ajudaram na coleta de dados em Manaus, além de me apoiarem com informações e fatos sobre os primatas ameaçados de extinção no Brasil e outros projetos de conservação. Foi uma experiência realmente fantástica, e agradeço a todos vocês. Por último, mas não menos importante, gostaria de agradecer ao meu brilhante supervisor, o Dr. Jep Agrell, Zoólogo no Ystad Animal Park e Diretor de Estudos no Departamento de Biologia da Universidade de Lund, pois nada disto seria possível se não tivesse a confiança em mim.

CAPÍTULO 5

Referências

Arroyo-Rodriguez, V., Cuesta-del Moral, E., Mandujano, S., Chapman, C., Reyna-Hurtado, R., Fahrig, L. (2013). Avaliação dos efeitos da fragmentação do habitat em primatas: A Importância de Avaliar as Questões na Escala Correcta. *Primatas em Fragmentos*. Pp. 13-28. Springer, Nova Iorque.

Bissonette, J. A. & Adair, W. (2008). Restaurar a permeabilidade do habitat em paisagens rodoviárias com passagens de animais selvagens em escala isométrica. *Biological Conservation, 141*. Pp. 482-488. Elsevier.

Boubli, J. P., Ribas, C., Lynch-Alfaro, J. W., Alfaro, M. E., da Silva, M. N., Pinho, G. M., Farias, I. P. (2014). Padrões espaciais e temporais de diversificação na Amazônia: Um teste da hipótese ribeirinha para todos os primatas diurnos do Rio Negro e Rio Branco no Brasil. *Filogenética Molecular e Evolução, 82 (B)*. Pp. 400-412. Elsevier.

Buckner, J. C., Lynch-Alfaro, J. W., Rylands, A. B., Alfaro, M. E. (2014). Biogeografia dos saguis e micos (Callitrichidae). *Filogenética Molecular e Evolução, 82 (B)*. Pp. 413-425. Elsevier.

Coelho, L. (2013). AvaliafSo da composi<;ao e configura<;ao espacial da pais agem da area urbana de Manaus como subsidio para a elabora<;ao do piano de conetividade para *Saguinus bicolor*. Relatório publicado para o Plano de Ação Nacional para a Conservação do *Saguinus bicolor*. Manaus, Brasil.

Corlatti, L., Hacklander, K., Frey-Roos, F. (2008). Ability of Wildlife Overpasses to Provide Connectivity and Prevent Genetic Isolation (Capacidade das passagens superiores para a vida selvagem de proporcionar conetividade e evitar o isolamento genético). *Biologia da Conservação, 23 (3)*. Pp. 548-556.

Da Costa, M. S., Pinto, V. A. & Soares, C. B. (2012). Analise do desmatamento nas zonas lestre, norte e oeste da area urbana de Manaus/AM. *Simposio Brasilero de Ciencias Geodesicas e Tecnologias da Geoinformacao, IV*. Pp. 001-009.

Dufour, V., Sueur, C., Whiten, A., Buchanan-Smith, H. M. (2011). O impacto da mudança para um novo ambiente nas redes sociais, atividade e bem-estar em dois primatas do Novo Mundo. *Jornal Americano de Primatologia, 73*. Pp. 802-811.

Durrell Wildlife Conservation Trust. Jersey, Reino Unido. (2015). (http://www.durrell.org/latest/news/a-can-do-attitude-supports-durrell/). Página visitada a 30 de julho de 2015.

Eisenberg, J. & Redford, K. H. (1999). Mammals of the Neotropics - The Central Neotropics. Vol. 3. The University of Chicago Press. Chicago. P. 591.

Goulding, M., Barthem, R., Ferreira, E. (2003). O Atlas Smithsoniano da Amazónia. Instituto Smithsonian, Princeton Editorial Associates, Inc. Hong Kong.

Gordo, M. (2012). Tese: Ecologia e Conservao do Sauim-de-coleira, *Saguinus bicolor* (Primates; Callitrichidae). Universidade do federal, Beldm, Pará, Brasil.

Gordo, M., Calleina, F. O., Vasconselos, S. A., Leite, J. F., Ferrari, S. F. (2013). Os desafios de sobreviver numa selva de concreto: A conservação do mico-leão-preto *(Saguinus bicolor)* na paisagem urbana de Manaus, Brasil. *Primatas em Fragmentos*. Pp. 357-370. Springer, Nova Iorque.

Gordo, M. Comentário pessoal. (1 de abril de 2015). Universidade Federal do Amazonas, Manaus, Brasil.

Gordo, M. Comentário pessoal. (7 de abril de 2015). Universidade Federal do Amazonas, Manaus, Brasil.

Griffith, B., Scott, M., Carpenter, J. & Reed, C. (1989). Translocation as a species conservation tool: status and strategy. *Science, 245 (4917)*. Pp. 477-480.

Groom, M. J., Mette, G. K., Carroll, C. R. (2006). Princípios de Biologia da Conservação. Terceira edição. Sinauer Associates, EUA. Pp. 230-231.

Haddad, N. M., Brudvig, L. A., Damschen, E. L, Evans, D. M., Johnson, B. L., Levey, D. J., Orrock, J. L., Resasco, J., Sullivan, L. L., Tewksbury, J. J., Wagner, S. A., Weldon, A. J. (2014). Potenciais efeitos ecológicos negativos dos corredores. *Biologia da Conservação, 28 (5)*. Pp. 1178-1187.

Hambier, C. (2004). Conservation. Cambridge University Press, U.K. Pp. 195-205.

Humphrey, J. W., Watts, K., Fuentes-Montemayor, E., Macgregor, N. A., Peace, A. J., Park, K. J. (2014). O que os estudos de fragmentação e criação de florestas podem nos dizer sobre redes ecológicas? Uma revisão e síntese da literatura. *Landscape Ecology, 30.* Pp. 21-50.

ICMBio - Instituto Chico Mendes de Conservação da Biodiversidade (2012). Sumário Executivo do Plano de Ação Nacional para a Conservação do Mico-Leão-Preto. Serviço Público Federal, Ministério do Meio Ambiente, Brasil.

Instituto de Pesquisas Ecológicas, Brasil. (2015). (http://www.ipe.org.br/english/proietos-pontal/black-lion-tamarm- conservation). Página visitada em 30 de julho de 2015.

Jerusalinsky, L., Teixeira, F. Z., Lokschin, L. X., Alonso, A., Jardim, M. M., Cabral, J. N., Printes, R. C. & Buss, G. (2010). Primatologia no sul do Brasil: uma abordagem transdisciplinar para a conservação do macaco-prego *Alouatta guariba clamitans* (Primates, Atelidae). *Inheringia, Ser. Zool., Porto Alegre, 100 (4).* Pp. 403-412.

Lee, J. A., Jinhyung, C., Ahn, C. (2014). Planejando corredores de paisagem em infraestrutura ecológica usando métodos de caminho de menor custo com base no valor dos serviços de ecossistema. *Sustainability, 6.* Pp. 7564-7585.

Matisziw, T. C., Alam, M., Trauth, K. M., Innis, E. C., Semlitsch, R. D., McIntosh, S., Horton, J. (2014). Uma abordagem vetorial para modelagem de corredores de paisagem e conetividade de habitat. *Avaliações de modelação ambiental, 20.* Pp. 1-16.

Mittermeier, R. A., Boubli, J. P., Subira, (2008). *Saguinus bicolor. A Lista Vermelha de Espécies Ameaçadas da IUCN.* R & Rylands, A.B. Versão 2014.3.

Moinde, N. N., Suleman, M. A., Higashi, H. e Hau, J. (2004). Habituação, captura e recolocação de macacos Sykes *(Cercopithecus mitis albotorquatus)* na costa do Quénia. *Animal Welfare, 13(3).* Pp. 343-353.

Peres, C. A. (1994). Respostas dos primatas às mudanças fenológicas em uma floresta de terra-firme amazônica. *Biotropica, 26 (1).* Pp. 98-112.

Peres, C. A., Gardner, T. A., Barlow, J., Zuanon, J., Michalski, F., Lees, A. C., Vieira, I. C., Moreira, F. M., Feeley, K. J. (2010). Conservação da biodiversidade em paisagens florestais amazónicas modificadas pelo homem. *Conservação Biológica, 143 (10).* Pp. 2314-2327. Elsevier.

Plant Encyclopaedia, The. Aden Earth, Canadá. (2015). (http://www.theplantencvclopedia.org/wiki/Main Page) Página actualizada pela última vez em 23 de março de 2015.

Reed, D. H., O'Grady, J. J., Brook, B. W., Ballou, J. D., Frankham, R. (2003). Estimativas do tamanho mínimo viável das populações de vertebrados e factores que influenciam essas estimativas. *Biological Conservation, 113 (1).* Pp. 23-24. Elsevier.

Rylands, A. B., Mittermeier, R. A., Coimbra-Filho, A. F., Heymann, E. W., de la Torre, S., de Sousa e Silva Jr, J., Kierulff, C. M., Noronha, M. & Rohe, F. (2008). Marmosets and Tamarins pocket identification guide. Série Guia de Bolso Tropical da Conservation International. Panamerica Formas e Impresos Bogotá, Colômbia.

Schaffner, C. M. & Smith, T. E. (2004). Familiarity May Buffer the Adverse Effects of Relocation on Marmosets (Callithrix kuhlii): Preliminary Evidence. *Zoo Biology, 24.* Pp. 93-100.

Schneider H. & Sampaio, I. (2013). A sistemática e a evolução dos primatas do Novo Mundo - uma revisão. *Molecular Phylogenies and Evolution, 82 (B).* Pp. 348-357. Elsevier.

Teixeira, F. Z., Printes, R. C., Fagundes, J. C., Alonso, A. & Kindel, A. (2013). Pontes de dossel como passagens superiores rodoviárias para a vida selvagem em paisagens urbanas fragmentadas. *Biota Neotropical, 13 (1).* Pp. 117-123.

Tillmann, J. E. (2005). Fragmentação de Habitats e Redes Ecológicas na Europa. *GAIA, 14 (2).* Pp. 119-123.

Vidal, M. D. & Cintra, R. (2006). Efeitos dos componentes da estrutura da floresta sobre a ocorrência, tamanho e densidade de grupos de mico-leão-da-cara-branca *(Saguinus bicolor* - Primates: Callitrichinae) na Amazônia Central. *Ata Amazonica, 36 (2).* Pp. 237-248.

Associação Mundial de Zoos e Aquários (WAZA). (2015). (http://www.waza.org/en/site/home). Página visitada em 27 de agosto de 2015.

Biblioteca do Centro de Investigação de Primatas de Wisconsin (WPRC), EUA. (2011). (http://pin.primate.wisc.edu/factsheets/entry/golden lion tamarin/cons). Página actualizada pela última vez em 21 de novembro de 2011.

Appendix I

Tabela I. As coordenadas dos 31 pontos de pesquisa e dos 13 pontos de teste na zona urbana de Manaus, Brasil.

	Coordinates - WGS84 UTM		
Passage #	ZONE	Latitude	Longitude
1	21M	168938	9663347
2	21M	168942	9663282
3	21M	168978	9663085
4	21M	168849	9662756
5	21M	168400	9662881
6	21M	169439	9662959
7	21M	169598	9662990
8	21M	169309	9663347
9	21M	170952	9663988
10	21M	171023	9663914
11	21M	168136	9666772
12	21M	168189	9667021
13	21M	168134	9665445
14	21M	166963	9670181
15	20M	832981	9672005
16	20M	832037	9673889
17	20M	831112	9661272
18	20M	831072	9661161
19	20M	830837	9660466
20	20M	831028	9660390
21	20M	832348	9660193
22	20M	832474	9660743
23	21M	168101	9660992
24	21M	170638	9660762
25	21M	168055	9660060
26	21M	168428	9659654
27	21M	168646	9659476
28	21M	169190	9656188
29	21M	168960	9656061
MINDU	20M	832959	9659239
SUMAUMA	21M	168699	9663494
S1	21 M	170385	9663559
S2	21 M	170575	9663842
S3	21 M	170628	9664151
S4	21 M	170808	9664872
S5	21 M	170659	9664981
S6	21 M	170378	9665044
S7	21 M	170276	9665087
S8	21 M	170646	9665721
S9	21 M	170824	9665832
S10	21 M	170820	9666179
S11	21 M	170833	9666294
S12	21 M	170686	9666496
S13	21 M	170585	9666690

Appendix II

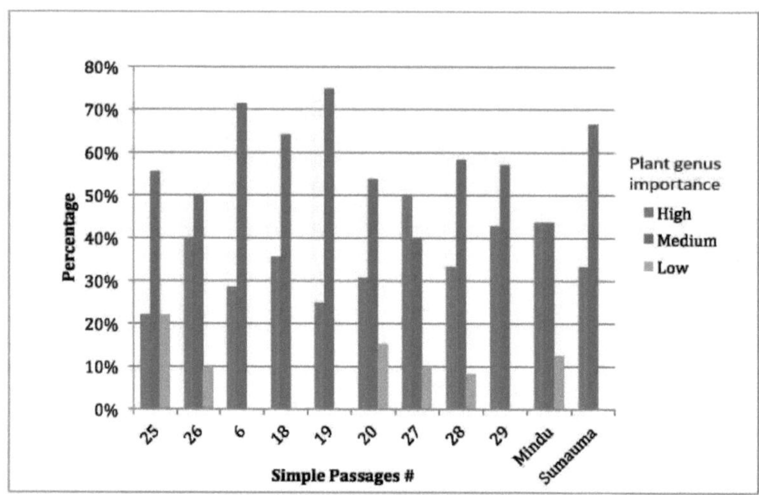

Fig. I. Proporção (%) de plantas encontradas nos trechos simples. Os gêneros de plantas foram classificados em Alto, Médio e Baixo dependendo
sua importância para *Saguinus bicolor*.

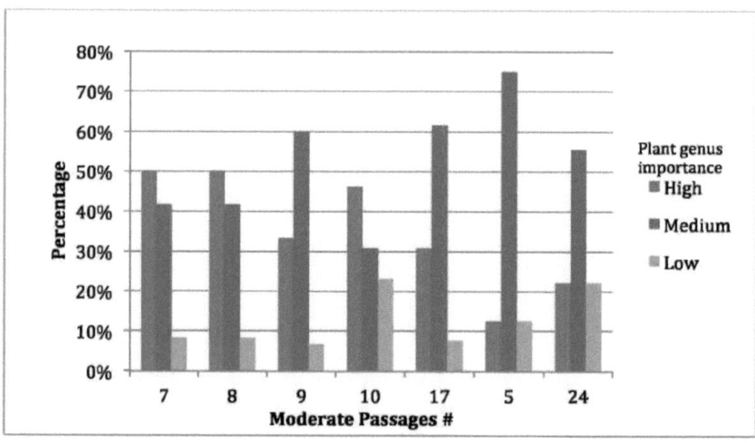

Fig. II. Proporção (%) de plantas encontradas nos trechos Moderados. Os géneros de plantas foram classificados em Alto, Médio e Baixo dependendo da
sua importância para *Saguinus bicolor*.

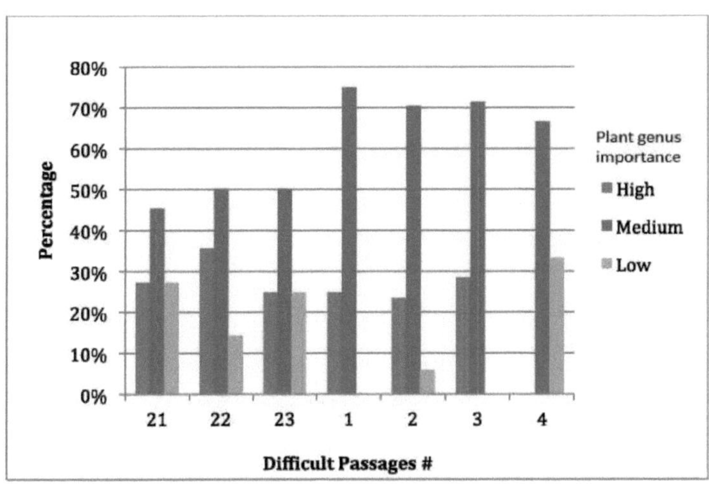

Fig. HI. Proporção (%) de plantas encontradas nas passagens difíceis. Os géneros de plantas foram classificados em Alto, Médio e Baixo dependendo da
sua importância para *Saguinus bicolor*.

Printed by Books on Demand GmbH, Norderstedt / Germany